目次

Ⅰ へそまがりな女

新しい連載のタイトルを考えていた。〝またたび〟という旅の連載を終了し、日々のことを綴《つづ》る新連載を始めることになったのだ。編集長や担当編集さんが素敵なタイトルをいくつも挙げてくださったので、そこから選ぼうと思ったのだけど、結局自分で考えることにした。「やれやれ、素直じゃないなあ」と自分に呆れながら、そんな私には〝へそまがり〟というタイトルがぴったりじゃないかと思ったのだった。

今私は、新たな旅先を考えている。旅を終えたのに結局また旅……またたびとはよく言ったものだ。これまで私は仕事で旅に出ることが多く、実はかれこれ何年もプライベートの旅をしていない。久しぶりに完全なるプライベートの旅に出ようと思い立ち、目的地を決めるべく本屋さんにやってきた私は、旅関連の本棚の前で途方に暮れた。一体どの本を買ったらいいのかわからないのだ。仕事で旅に出る場合でも「行き先を自由に決めていいよ」と言われることが多かったのだけど、それは嬉しい反面少々困るのだった。行きたい場所がないわけではない。どんな土地に行っても気まぐれに旅を楽しめるタイプなので、言ってみれば〝どこでもいい〟のだ。いつもなら、そんな私に助け舟を出してくれる編集さんがいるのだけど、今回はもちろんいない。ゼロから始める旅計画が、こんなにもむつかしいとは思わなかった。

旅先を決められない一番の原因は、私が〝へそまがり〟だからだろう。〝かわいい旅〟とか〝乙女の旅〟とか、そんなコピーを前にすると「むむむっ」と身構えてしまう。そういう類いのものが苦手だからではない。むしろ、かわいいものや乙女なものが大好きだからこそ、「それは自分の心で見つけるものであって、教えてもらうものではない！」とへそをまげてしまう。そんなメンドクサイ奴は、そもそもガイドブックに頼ってはいけないのかもしれない。だけど「むむむっ」を乗り越えて本を開いてみれば、かわいい写真にトキメクのも事実。ひとり棚の前でぐるぐる葛藤し、結局その〝かわいい〟ガイド本をそっと棚に戻すへそまがりな私。

自分の中のへそまがりに出会うたび、私はいつも呆れてしまう。へそまがりの生態は実に厄介だ。〝素直じゃない〟〝あまのじゃく〟〝考えすぎる〟などなど挙げたらキリがないけれど、もう本当にアイタタタと頭が痛くなることばかり。私は球技全般（特にバレーボール）が苦手なのだけど、それもやはり、へそまがりが原因なのではないかと思う。弧を描いて飛んでくるボールを見つめながら「これはオーバーハンド？　それともアンダー？　あわあわ、どっちどっち⁉」とぐるぐる考えすぎて、阿波踊りみたいなヘンテコな動きになってしまう。考えるよりも先に体が動いて、スパーンと気持ちよく返したいのに、なかなかそうはいかない。この現象は日常でもしょっちゅう見受けられる。会話の途中、軽やかに相づちを打てずラリーを止めてしまったり、気になることがあるといちいち「むむむっ」と熟考し、会話を一方的にキャッチしてしまったり。「真剣に相手と向き合った結果デス！」と言えば聞こえがいいけれど、バレーだったら完全に反則だ。

少し話がズレるのだけど、私は募金も苦手だ。募金をすること自体が苦手なのではない。タイミングがとても難しいのだ。これは、飛んでくるボールを前にオロオロしてしまうのと同じ原理だ。駅前で募金活動をしているひとを見かける。何の募金なのか歩きながら確認。よし募金しようと思う。だけど、なんとなく人目が気になって、そうこうしているうちに募金箱の前を通過してしまう。おっと、どうしよう。このまま行ってしまおうか。だけど一度募金しようと決めたのだし……。かばんの中でお金を握りしめウロウロしたのち、

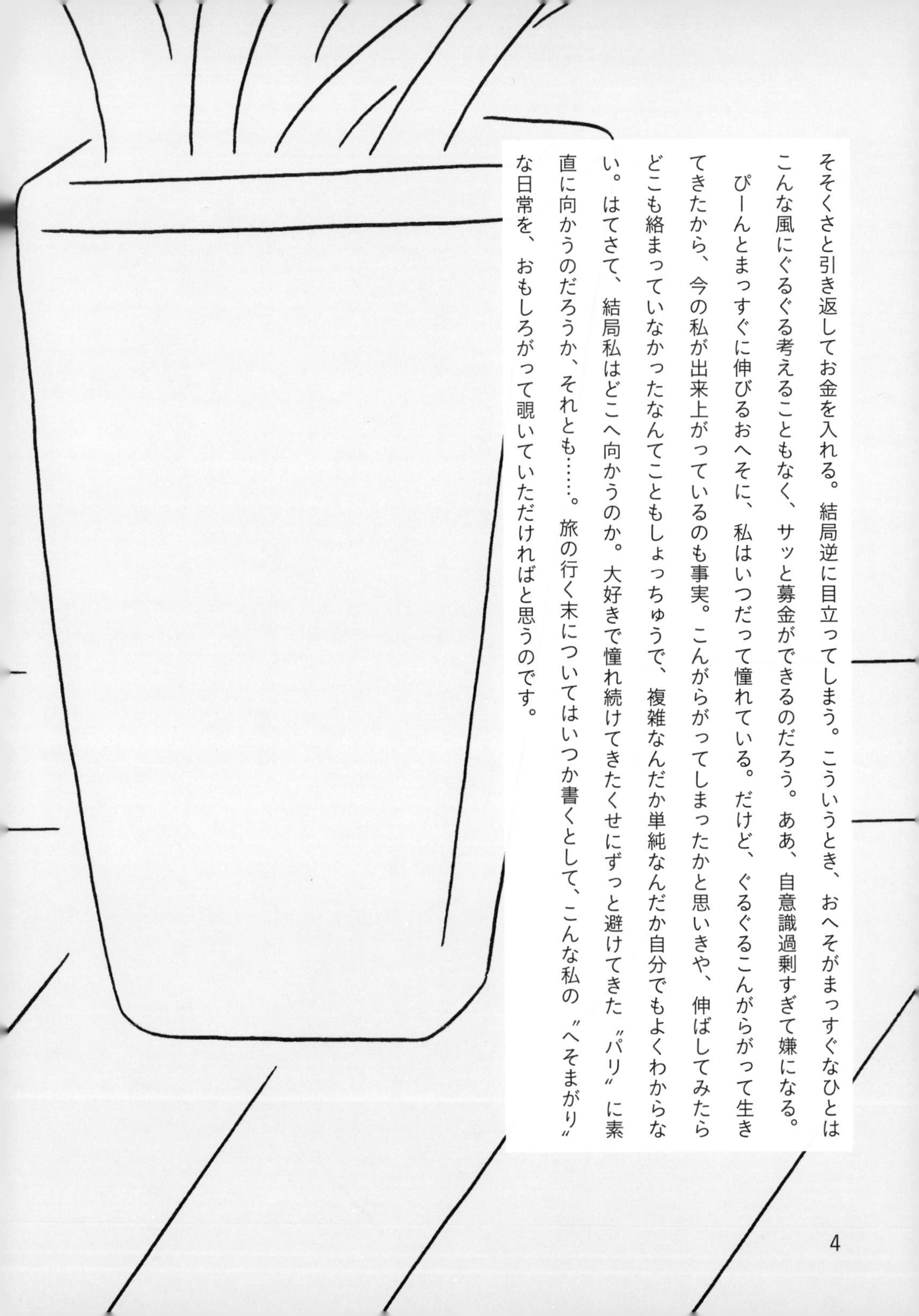

そそくさと引き返してお金を入れる。結局逆に目立ってしまう。こういうとき、おへそがまっすぐなひとはこんな風にぐるぐる考えることもなく、サッと募金ができるのだろう。ああ、自意識過剰すぎて嫌になる。

ぴーんとまっすぐに伸びるおへそに、私はいつだって憧れている。だけど、ぐるぐるこんがらがって生きてきたから、今の私が出来上がっているのも事実。こんがらがってしまったかと思いきや、伸ばしてみたらどこも絡まっていなかったなんてこともしょっちゅうで、複雑なんだか単純なんだか自分でもよくわからない。はてさて、結局私はどこへ向かうのか。大好きで憧れ続けてきたくせにずっと避けてきた〝パリ〟に素直に向かうのだろうか、それとも……。旅の行く末についてはいつか書くとして、こんな私の〝へそまがり〟な日常を、おもしろがって覗いていただければと思うのです。

2 ノッポ・コンプレックス

ドラえもんのひみつ道具に〝デビルカード〟というアイテムがある。1回振ると300円出てくるのだけど、その代償として深夜0時に身長を1ミリ悪魔に捧げなければならないという恐ろしい代物だ。この道具の存在を知ったとき、小学生だった私は心の底から欲しいと思った。背の順で一番後ろなのが本当に嫌で嫌で仕方なかった私は、「お小遣いが増えるうえに身長が低くなるとは、なんて夢のような道具なんだ！」と打ち震えた。いやむしろ、お小遣いなんて増えなくていいから、この身長を悪魔にくれてやりたかった。その強い気持ちは、実は今でもあまり変わらない。私のノッポ・コンプレックスの歴史は長く、そして根深い。

身長を生かした仕事ができているのだから、「今はこの身長が私らしくて大好きです！」と胸を張って言えればいいのだけど、それがなかなか難しい。なんてったって私自身、〝身長のちっちゃい女の子〟が大好きなのだから。私はハロー！プロジェクトの女の子たちが大好きなのだけど、それもそもそもは〝ちっちゃい女の子好き〟の血が影響しているからかもしれない（ハロプロは小柄な子が多い）。だけど時々、アイドルにしては背が高めで、本人もそれを気にしているのか、猫背気味で申し訳なさそうにしている子がいたりする。そういう子を見つけると、なんだか居たたまれないような愛おしいような複雑な気持ちがムクムクと膨らんで、屈折した眼差しで見つめてしまう。自分自身のコンプレックスは到底そんな風に思えないけど、人のコンプレックスというのは、時として色気や魅力に変換されるということも少なくない。

すらりと背が高いナイスガイより、背が低い男の人のほうが気になってしまうのも、そういう理由かもしれない。背が低い男性はセクシーだ。のび太くんのパパとママのようなあべこべ身長差カップルが、なんだか色っぽいと思うのは私だけだろうか。身長があまり高くないミュージシャンの男友だちが、「僕は背の高いミュージシャンを認めていない。だって、背が高いのに音楽で勝負する必要なんてないじゃないか！　俺たちの島を荒らすな！」と言っていた。いろいろと屈折しているけれど、なんだか妙に納得してしまった。屈折したコンプレックスが創作活動に与える力は、相当大きいような気がした。

私の身長は日本人男性の平均よりやや高い。だから恋愛対象になりにくいと自覚している。だけど、だからといって恋をしにくいかと言ったら、実はそんなことはない。例えばこんなとき。道幅の狭い歩道で傘をさして歩いていて、向かいから同じく傘をさして歩いてきた男性がひょいと傘を上に持ち上げてすれ違ってくれようものなら、ノッポの私はもうそれだけでトキメいてしまう。〝小さいもの〟として扱われることに慣れていない私は、自分がなんだか小さくてかわいい女の子になったような錯覚に陥り、嬉しくなってしまうのだ。よく、「頭ポンポンとかされるのほんとに嫌！　そんなんで好きになるとか思ってるの!?」とプリプリ怒っている女の子がいるけれど、そういうことを言っている子は大抵小柄だ。そもそも物理的にポンポンされにくく、世の女子たちが当たり前に見ている景色や体験に慣れていないノッポ女子は、簡単なことでトキメいてしまう傾向にあるような気がする。

今日も私はぺたんこの靴を履いて街へ出る。電車に乗れば、オジさんに二度見される。頭のてっぺんを見て（わ、大きいなあ）、足元を見て（高い靴を履いているのかな……と思ったけどぺたんこだ）、また頭上を見る（背、でかいなあ）、そんな心の声が聞こえる。それでも私はめげない。大好きなくらもちふさこ先生の『こんぺいと・は・あまい』という作品の中で、猫背で歩く主人公が「ゴリラ！」とからかわれるシーン

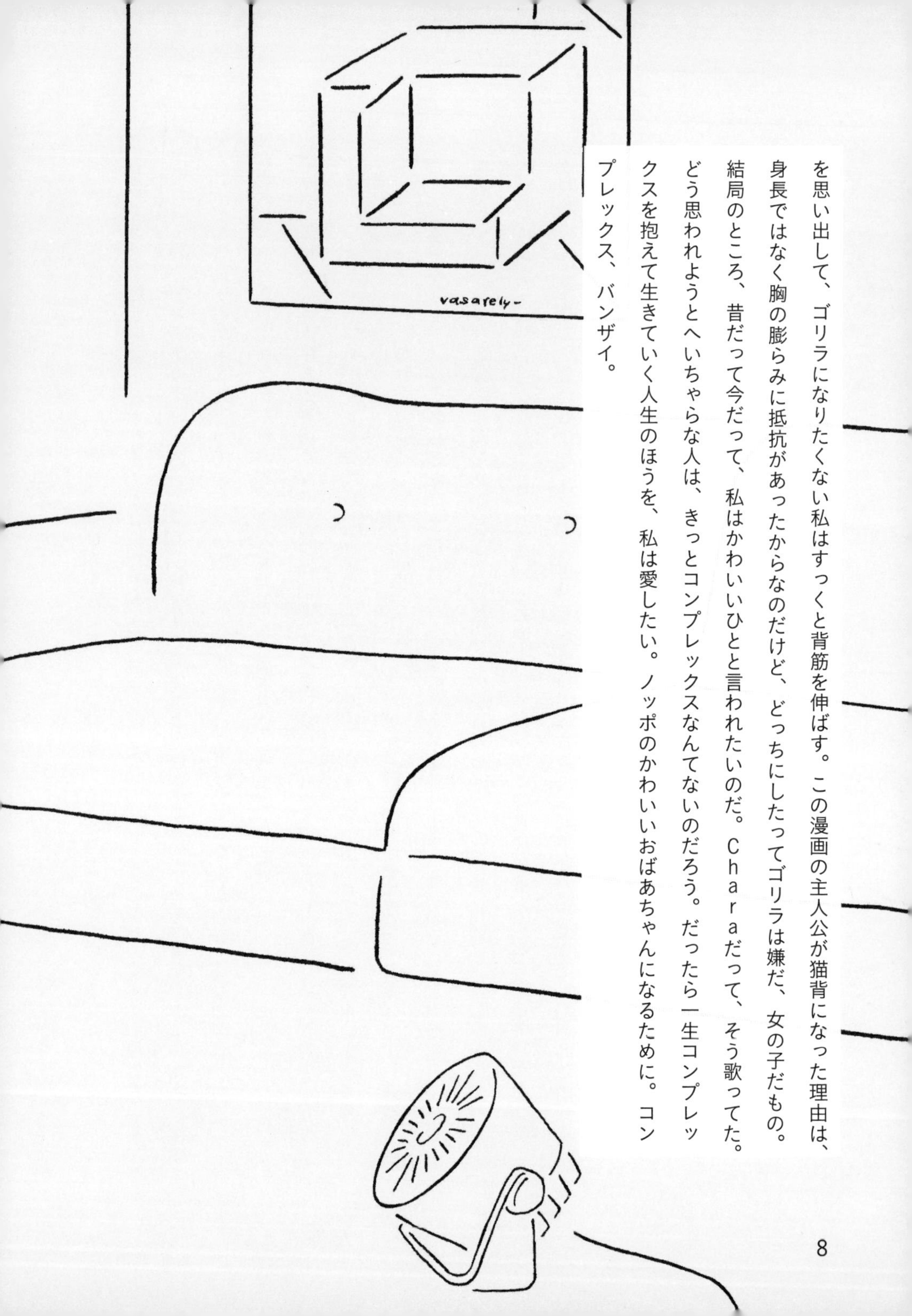

を思い出して、ゴリラになりたくない私はすっくと背筋を伸ばす。この漫画の主人公が猫背になった理由は、身長ではなく胸の膨らみに抵抗があったからなのだけど、どっちにしたってゴリラは嫌だ、女の子だもの。結局のところ、昔だって今だって、私はかわいいひとと言われたいのだ。Ｃｈａｒａだって、そう歌ってた。どう思われようとへいちゃらな人は、きっとコンプレックスなんてないのだろう。だったら一生コンプレックスを抱えて生きていく人生のほうを、私は愛したい。ノッポのかわいいおばあちゃんになるために。コンプレックス、バンザイ。

3 おおきくなったら

「あきちゃんは、おおきくなったらなんになる？」

久しぶりに里帰りしたときのこと。姪っ子（6歳）と甥っ子（4歳）がこんな質問をしてきた。目をキラキラさせながら、まっすぐに私の顔を覗《のぞ》き込んでくる。不意打ちの質問に戸惑いながらも、なんだか私は嬉しいような照れくさいような気持ちで、ニマニマしながら考えた。ところが、台所で洗い物をしていた姉がすかさず、「あきちゃんはもうおおきいんだから、おおきくなったら？はおかしいでしょ」と、余計な正論を投げ込んでくる。「ちっ」と思いつつ、姉の正論は聞こえないふりをして、「おおきくなったらなんになろう」と考えた。

私の「おおきくなったらなんになる」の歴史を遡ると、一番古いものは〝ムツゴロウさん〟だった。「〝ムツゴロウ王国に入る〟ならわかるけど、ムツゴロウさん本人にはなれないよ」と指摘してくる大人がまわりにいなかったので、幸か不幸か私はかなり長い間ムツゴロウさんになろうと思っていた。成長とともに「おおきくなったらなんになる」と聞かれることも少なくなり、〝将来の夢〟が〝進路〟という言葉に変わり始める頃、私の頭にムクムクとあらわれたのが〝建築家〟だった。〝ムツゴロウさん〟↓〝建築家〟って、なんだか一気に現実的。建築というジャンルに強い思い入れがあったわけじゃないけど、幼い頃から『渡辺篤史の建もの探訪』が大好きでワクワクしながら眺めていた世界だったので、建築学科を目指そうと思ったのは自然な流れだった。33歳の今、14、15歳ぐらいの子を見ると「子どもだなあ」と思ってしまうけれど、よくよく思い返せばあの頃の私と、今の私の思考回路はさほど違いがないような気がする。経験が少ないから〝考える材料〟は少ないけれど、〝考え方〟の根本は変わらない。10代って、大人が思っている以上にいろんなことをぐるぐると考えている。〝ティーン〟という言葉の意味を知ったときのことを、私は鮮明に覚えている。ティーンというものが、くっきりと区切られた世代のことを指すと知った私は、それ以降「自分が今ティーンエイジャーである」ということを自覚しながら過ごしていた。16歳でモデルの仕事を始めて、17歳の頃〝17歳〟という名の雑誌編集の方に、「うちの雑誌を始めるのに、17歳だとちょっと遅いのよねえ」と言われ、私はガツーンとショックを受けた。時の流れの残酷さを10代にして知ったのだった。13歳のときに大ヒットした『SWEET 19 BLUES』という曲を、19歳の誕生日にカラオケで友だちと歌ったとき、「私はとうとうここまで来てしまったのか」と感慨深い気持ちでいっぱいになった。私が〝年齢〟というものにとらわれていたのは、今思えばこのときがピークだったような気がする。

それ以降、ひとつふたつと年齢が〝おおきく〟なっていくことがあまり気にならなくなっていくのと同時に、そもそも「おおきくなったらなんになる？」なんてことも全然考えなくなっていった。思い描く〝なにか〟との距離が近いものになっていき、現実的になり、そうして大人になって、実際に〝なにか〟になったり、〝なにか〟を諦めたり。そこから先にあるのは、地続きの未来。大人になると、地続きに繋がることのできる〝なにか〟しか見えなくなる。ゲートボールの玉みたいにコロコロコロと地面を転がって辿り着ける場所。子どもみたいにポーンと放物線を描いてボールを投げたり、そのボールをさらにワープとかさせちゃって想像もつかない場所に飛ばしたり、なんてことを、大人がするのは恥ずかしいこと。いつの間にかそんな風に思い込んでしまっていたのかもしれない。

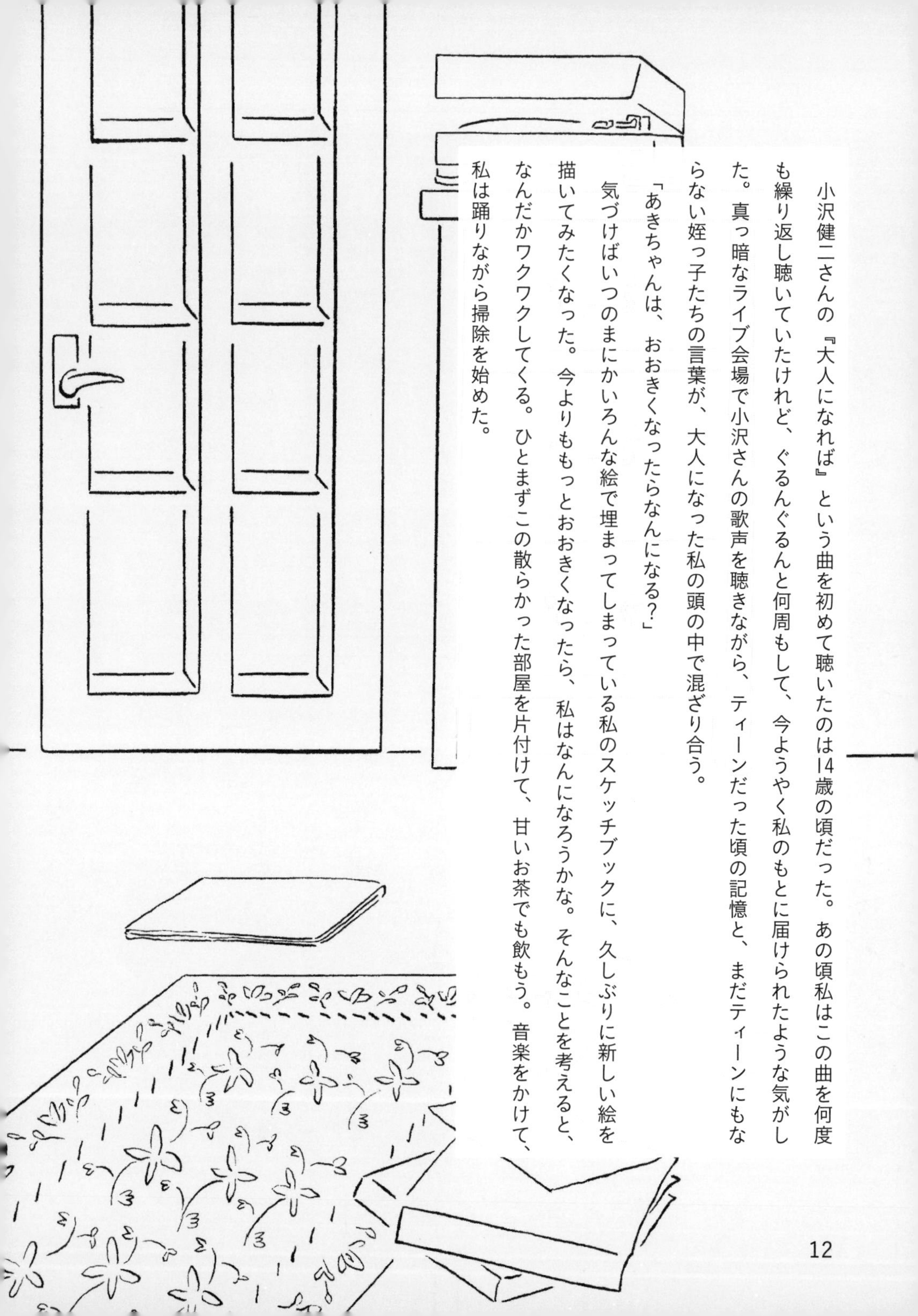

小沢健二さんの『大人になれば』という曲を初めて聴いたのは14歳の頃だった。あの頃私はこの曲を何度も繰り返し聴いていたけれど、ぐるんぐるんと何周もして、今ようやく私のもとに届けられたような気がした。真っ暗なライブ会場で小沢さんの歌声を聴きながら、ティーンだった頃の記憶と、まだティーンにもならない姪っ子たちの言葉が、大人になった私の頭の中で混ざり合う。

「あきちゃんは、おおきくなったらなんになる?」

気づけばいつのまにかいろんな絵で埋まってしまっている私のスケッチブックに、久しぶりに新しい絵を描いてみたくなった。今よりももっとおおきくなったら、私はなんになろうかな。そんなことを考えると、なんだかワクワクしてくる。ひとまずこの散らかった部屋を片付けて、甘いお茶でも飲もう。音楽をかけて、私は踊りながら掃除を始めた。

4　ああラブレター

〝ラブレターは人に見せるものではない〟

そんなの当たり前のことだ。だけど私は過ちを犯してしまった。あのときのことを思い出すと、今でも胸がチクリと痛む。後にも先にも、私がラブレターを貰《もら》ったのはあの1回きりだ。

中学1年の夏。部活を終えた私は、グラウンドの横の道をひとりとぼとぼと歩いていた。ふと後ろから〝ダッタッタッタッ〟と駆けてくる気配がして振り返ると、汗だくの生徒会長が立っていた。「あのっ……これ読んで」と息を切らしながら封筒を差し出し、くるり踵《きびす》を返し去っていった。一瞬の出来事で、私は呆然と立ち尽くした。しかしここは通学路。何人もの生徒に見られていたことに気づき恥ずかしくなった私は、そそくさと封筒をしまい、何ごともなかったかのような顔で歩き出した。心臓はドクンドクンと鳴っていた。

家に着き、ダッシュで階段を上り自分の部屋にこもって封筒を開けた。生徒会長のことは、全校集会で見たことがあるくらいだったけど、顔が濃くて、眉毛も濃くて、とにかく真面目一本という印象だった。ちょっとへたくそだけど力強い字でびっしり書かれた手紙は、便箋4枚にも及んでいた。自己紹介から始まり、部活の話、将来の夢の話、映画の話など、手紙の中の生徒会長はとてもおしゃべりでイキイキしていた。ちょうどその年は映画『レオン』が公開された年で、彼はナタリー・ポートマンに心を奪われた。その年の春に入学してきた私を見たときに、「ナタリーに似ている！」と思ったそうだ（当時私は短いオカッパだったので、実際のところ似ていたのは髪型だけ!!）。そこから先の文章は、なんだかとてもロマンチックなものだった。

「好きです」というような言葉は一言も書かれていなかったけれど、これが〝ラブレター〟的なものであるということはなんとなくわかった。同時に私は、暗雲が胸中に広がっていくのを感じていた。中学生になったとはいえ、12歳だった私は毎月「りぼん」を楽しみにしているただの子どもだったのだ。漫画の中で繰り広げられる恋模様に胸をキュンキュンさせておきながら、いざ自分自身に〝恋のようなもの〟が降りかかってきたとき、それは〝トキメキ〟よりも〝得体の知れないものに対する恐怖〟のほうが勝ってしまう。「これは絶対に人に見られてはいけない」。私は封筒を勉強机の引き出しの奥にしまい込んだ。

それ以来、私は胸の中にヒミツの爆弾を抱えているようで苦しくて仕方なかった。当時私は学級委員で勉強も部活もしっかりやるおりこう中学生だったので、〝恋のようなもの〟に触れていることが、なんだかとても〝いけないこと〟をしているようで後ろめたかった。だけどその一方で、生徒会長のことを意識してしまう自分もいた。1年生と3年生だったので校内で会うことは滅多になかったけど、移動教室などで廊下の向こうからやってくる姿を見つけたときには、恥ずかしくて頭から湯気が出そうだった。ドキドキしながらすれ違う瞬間にチラリと目線を上げると、恥ずかしそうにはにかむ先輩と目が合ってしまい、私はもうパニックで泣きそうになった。

そんな私の様子に気づいた友だちが、「なんかあった?」と心配してくれた。なかなか話そうとしない私を見かねた彼女は、「学校だと話しづらいことなんやろ?」と放課後私の家にやってきた。ひとりでヒミツの爆弾を抱えていることに限界を感じていた私は、おそるおそる机の引き出しを開け封筒を取り出した。彼女の目は封筒を捉えた途端みるみる輝き出した。「えっ! なになになに! ラブレター!?」と私の手から封筒を奪い読み始める友だち。その瞬間〝あ、やってしまった〟と思ったけれど、時すでに遅し。彼女は

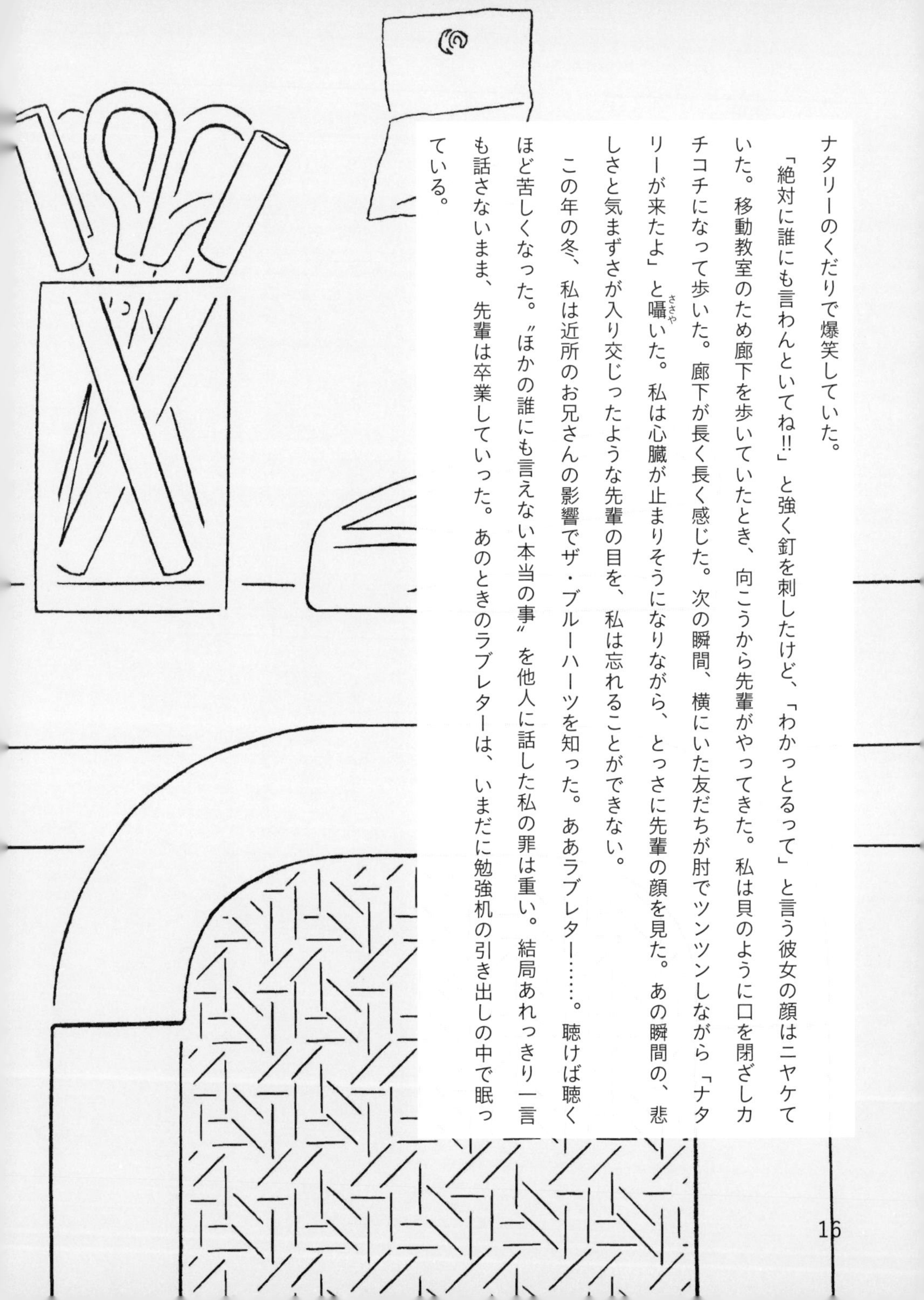

ナタリーのくだりで爆笑していた。

「絶対に誰にも言わんといてね!!」と強く釘を刺したけど、「わかっとるって」と言う彼女の顔はニヤケていた。移動教室のため廊下を歩いていたとき、向こうから先輩がやってきた。私は貝のように口を閉ざしカチコチになって歩いた。廊下が長く長く感じた。次の瞬間、横にいた友だちが肘でツンツンしながら「ナタリーが来たよ」と囁《ささや》いた。私は心臓が止まりそうになりながら、とっさに先輩の顔を見た。あの瞬間の、悲しさと気まずさが入り交じったような先輩の目を、私は忘れることができない。

この年の冬、私は近所のお兄さんの影響でザ・ブルーハーツを知った。ああラブレター……。聴けば聴くほど苦しくなった。〝ほかの誰にも言えない本当の事〟を他人に話した私の罪は重い。結局あれっきり一言も話さないまま、先輩は卒業していった。あのときのラブレターは、いまだに勉強机の引き出しの中で眠っている。

5 おかたづけ

断捨離という言葉がニガテだ。一度でも愛情を抱いたモノ、縁があってやってきたモノを、「断って」「捨てて」「離れる」だなんて酷《ひど》すぎる。もっと別の言い方をしたらいいのにと思ってしまう。「断捨離してゴミ袋が○袋も出ました！ ああスッキリ」と清々しく語る人がいるけれど、あれが私はなんだか怖くて切ない。要らないものを溜め込むことがいいとは思わないけれど、断捨離に夢中になると〝捨てること〟が快感になって、〝モノを持たないこと〟がいいという感覚になってしまう。すっきりした部屋にはもちろん憧れるけど、からっぽの部屋はつまらない。そこに暮らしている人の趣味とかクセとかがぎゅうっと詰まっている部屋のほうが、だんぜん人間的で愛おしいし面白い。

とまあ、片付けを試みるたびこんな言い訳を並べたてるので、ポイポイモノを捨てられるわけもなく、わが家には当然モノが多い。いわゆる〝捨てられない〟タイプの人間ではないと自分では言い張っているのだけど、〝捨てる〟という判断を下すまでにものすごく時間がかかるのだ。「このワンピース最近着ていないけど、チェコを旅したとき現地のおばあちゃんによく褒められたから、もうしばらくとっておこう」みたいな感じで結論を先延ばしにし、結局その後着ることはなく数年後ようやく手放し、だけどその翌年にふと着たくなって後悔するなんてことがしょっちゅうある。散々読み散らかした断捨離本（ニガテとか言いつつ、結局読んでいる）には、〝3年着なかったら、その後着る可能性は低いから捨てましょう〟みたいなことが書いてあったけど、「3年着なくても、4年目に着たくなることだってあるのよ！」と私は叫びたい。そうです。

私は、モノが捨てられないオンナなのです、やっぱり。

一番の被害者は母だ。結論を先延ばしにされた執行猶予つきのモノたちは、段ボールに詰め込まれ定期的に実家へ送られる。「まーたガラクタどっさり送ってきてー！　うち（実家）はブラックホールじゃないんだからね！」と母は毎度プリプリ怒っているけれど、その後ふらりと実家に帰ると、私が送った不思議なオブジェはちゃあんとサイドボードに飾られ、私のお古のブラウスを母がちゃっかり着こなしており、「うんうん、よかった」と安堵《あんど》するのだった。

ところが事態は急変した。なんと実家をリフォームすることになったのだ。私と姉の部屋だった部分を繋げて、広いリビングにするらしい。父と母は今、〝ニューわが家〟のことで頭がいっぱいで、過去を懐かしんでいる暇なんてないようだった。実家を出て十数年の間に私が一方的に送りつけ蓄積されたモノたちと、どうにかして折り合いをつけなければならないときがきた。ちょうど仕事で岐阜に行く機会があったので、実家に泊まり部屋の掃除をすることにした。夜、ドタンバタンと作業をしていると、母が手伝いにきた。私が出ている雑誌などは母の手によってきちんとスクラップされ年別に保管されていたけれど、それも最初の数年だけで、最近のものはドサリと保管してあるだけだった。リフォームで頭がいっぱいの母は、私の部屋の物量にイライラを隠せない様子で、「ここもぜーんぶリビングになるんだからね、この部屋のモノ全部どうにかしてもらわないとっ。お母さんじゃあ判断できないんだから」とプリプリしている。私のモノを邪険に扱う母、実家から自分の部屋が消えてしまうという事実。私はなんだか腹立たしいような悲しいような気持ちが込み上げてきて、「そんなん言うんやったら、ぜーんぶ捨てればいいわ！　雑誌もＤＶＤもクマも洋服も、全部要らんっ！」と母に言い放った。完全に逆ギレだ。自分じゃ捨てられないものを母に一方的に押しつけておきながら、我ながらなんと自分勝手で傲慢な娘だろう。そうわかっていながらも曲がったへそをなかなか元に戻せない私は、への字口で黙々とゴミ袋に放り込んでいった。一方の母は私の言葉で我に返ったらしく、さっきまでのプリプリはどこへやら、「これは大事やもんね、お母さんも好きやし、ちゃんと取っておこうねえ」と私がゴミ袋へ入れたものを再び取り出し、〝とっておく〃と書かれた段ボールにせっせとしまい出した。ああこの感じ、子どもの頃のままだなあと可笑《おか》しくなった。姪っ子や甥っ子がいると、私はおばさんになって母はおばあちゃんになるけれど、母とふたりになれば私は相変わらずワガママな末っ娘のままなのだ。いいかげん私もオトナになって親離れしなきゃなあ。そんなことを思いながらの深夜の部屋掃除。なんだかちょっぴり切なかった。

　断捨離はやっぱり好きじゃないけれど、モノに埋もれて大切なモノを見失ってしまったら意味がない。実家に私の部屋はなくなるけれど、日当たりのいい大きなリビングの完成が、今はとても楽しみだ。

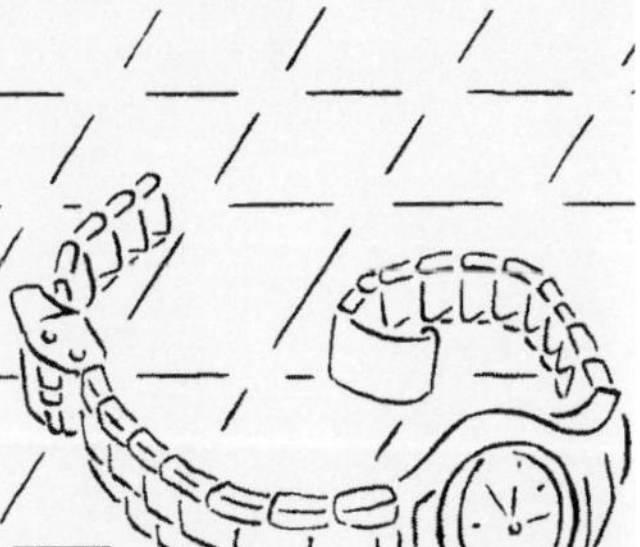

6 揺れる稲穂

みなさま、こんにちは。金色亜希子です。ちがった、金髪亜希子です。じゃなくて、キクチアキコです。浮かれてしまってスミマセン。わたくしただいま、人生初の〝キンパツ〟をエンジョイ中であります。

黒髪オンリーだった私が突然キンパツになったため、まわりの人々は「なにかあったんじゃないか」と戸惑っているようだった。「映画の役づくりで」と理由を話すと、「そっか！　役のためね、だよねー！」という感じで、みな一様に安堵の表情を浮かべる。それが私はなんだか悔しかった。「なんとなく気分でー」とか言って、さらっと髪色をチェンジする奔放なヒトを装ってみたかったのだけど、そんなわけにはいかないのだった。そりゃそうだ。実際〝映画の役〟というような、よほどの事情がない限り、私は一生キンパツにすることなんてなかっただろう。だからこそ私は前のめりだった。「役柄的には金髪のイメージだけど、難しければウィッグでも……」というスタッフの方々の言葉を食わんばかりの勢いで、「やります！　キンパツ！　全然大丈夫っす」と、言葉遣いまでキンパツになっていた。

オトナになると、たいていのことは経験〝済み〟で、〝初めての経験〟なんてめったに訪れないものだ。「それってなんだか寂しいわ……」なんてたそがれていた私に突如降ってきた〝キンパツ〟という初体験。30代にして〝ピッチピチの初体験〟が訪れたことが嬉しくてたまらない。「仕事なのだから、浮かれるなんて公私混同も甚だしいわよ！」と自分をいさめつつ、会う人会う人に「今度キンパツにするんだ！」と言わずにはいられない。「今度東京ディズニーランドに行くんだー！」と浮かれはしゃぐ子どものようだった。

そんなわけで〝Xデー〟はやってきた。美容室の椅子に座り、ふぁさっとクロスを巻かれた瞬間、ほのかな恐怖心が顔を出した。散々浮かれていたクセに、スペース・マウンテンに乗る直前に大号泣し、すごすごと非常口から脱出したことを思い出し、「私はもうオトナ！　脱出なんてしないわ！」と気合いを入れ直した。『ローズマリーの赤ちゃん』のミア・ファローみたいな、あまりキンキンな金じゃなくて、チャイみたいな、栗みたいな、あ、栗っていっても皮じゃなくて、渋皮のマロンペーストみたいな？」と曖昧なオーダーをする私。人生初のブリーチ＆カラーは想像以上に痛かった。めらめら燃えるような頭皮の痛みに耐えきれず、1回目は即ギブアップ。やさしい液に変えてもらい、2回目で無事に成功。なんともいえない、いいカンジに曖昧なキンパツが完成した。

　鏡の中の自分をじーっと見つめる。「いい色になった気がするけど、ど、どうなんだろう、これ、似、似合ってるのかな、ええと、ど、どうなんだろう……」。34年間生きてきて、初めて出会うキンパツの自分。マネージャーや美容師さんは、「意外と似合ってるよ、うん」と曖昧に褒めてくれる。映画の現場では、そもそも黒髪の状態で会っていない人がほとんどだったので、キンパツはすぐになじんだ。問題はプライベートだ。撮影がお休みの日、友人と『よりぬき長谷川町子展』へ行く約束をしていた私は、一体何を着たらいいのかと金色の頭を抱えた。お気に入りの服たちを胸に当てても、なんだかまったく別物に見える。とりあえず昭和のハイカラ感を意識してコーディネートをし、とっさに帽子をひょいとかぶって家を出た。駅で落ち合った友人は、帽子からチョロリとのぞく金色の毛を見た瞬間、「似、似合わない～」と笑った。その瞬間、私は一縷《いちる》の切なさとともに肩の荷が下りた気分だった。「だよね～、わははは」と爆笑しながら、ふたりでおでこ全開にして、サザエさんとワカメちゃんの顔はめパネルで写真を撮った。開き直った私は、その日以降

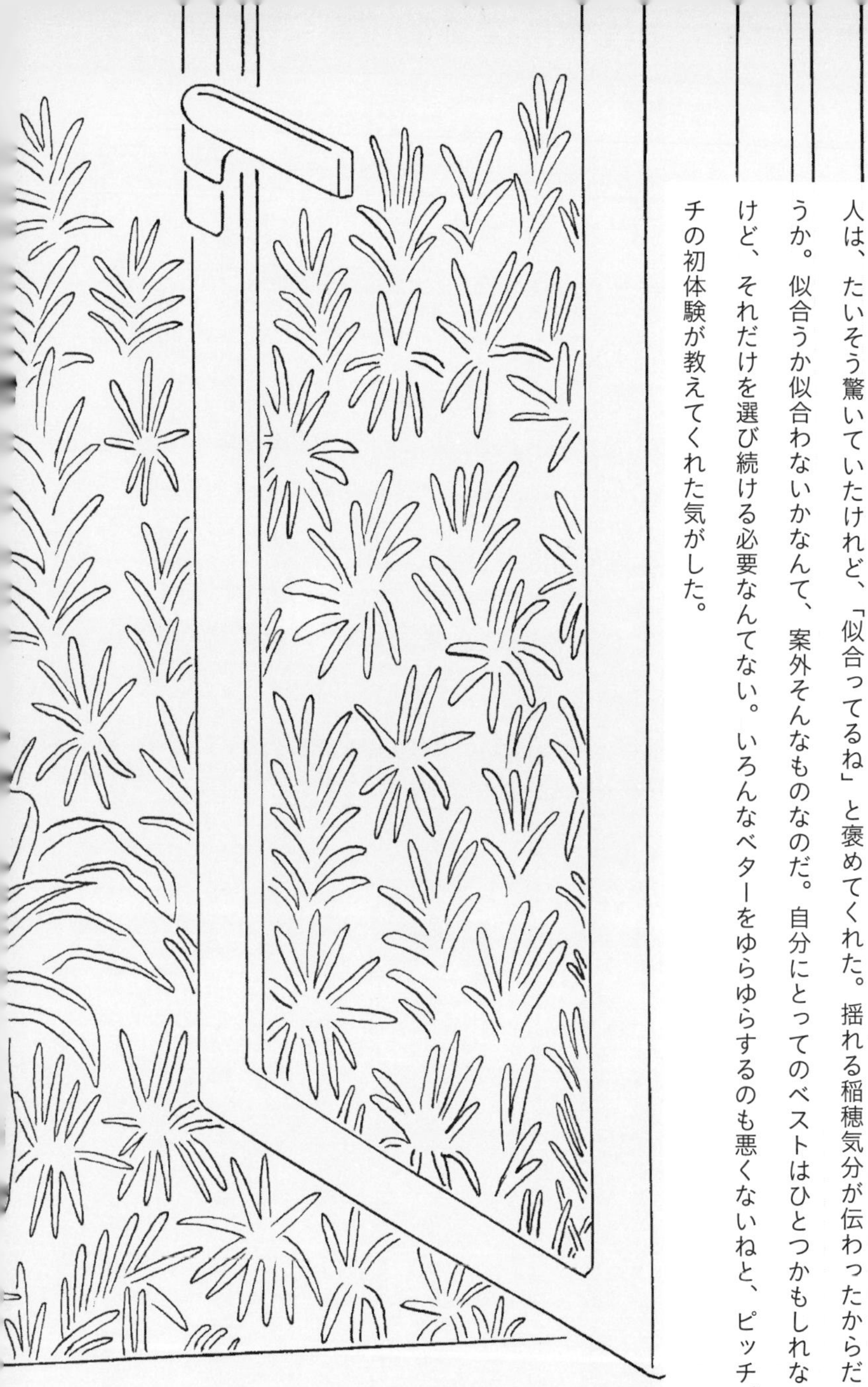

帽子をかぶらず、キンパツ全開で過ごした。茶色いズボンに、ベージュのセーターを着て、秋空の下をふわふわ歩く。秋風に揺れる金色《こんじき》の稲穂になったようで、最高の気分だ。

私には、キンパツは似合わない。だけど、キンパツな自分、案外嫌いじゃない。さっき偶然すれ違った知人は、たいそう驚いていたけれど、「似合ってるね」と褒めてくれた。揺れる稲穂気分が伝わったからだろうか。似合うか似合わないかなんて、案外そんなものなのだ。自分にとってのベストはひとつかもしれないけど、それだけを選び続ける必要なんてない。いろんなベターをゆらゆらするのも悪くないねと、ピッチピチの初体験が教えてくれた気がした。

7 ちゃんとよんで

ここだけの話、私はいまだに自分のことを「あきちゃん」と呼んでいる。ただし、実家にいるときに限った話だ。嫁にいった姉も、実家にいるときは自分のことを「おねえちゃん」と呼ぶ。両親が私たちのことをそう呼ぶからだ。いつ、どのタイミングで直せばいいのかわからず、30代に突入した今でも、気づけば自分のことを〝ちゃん〟づけで呼ぶ残念なオトナになってしまった。もちろん大人げないことだと自覚している。親と電話で話をしているときに、うっかり「あきちゃんは～」なんて言っているのを友人に聞かれてしまった日には、顔から火が出そうなくらい恥ずかしい。しかし、実家にいるとむしろその逆で、自分のことを「私」と言うのが照れくさい。「〝ワタシ〟とか言ってカッコつけちゃって、ぷぷぷ」と、両親がニヤニヤしそうな気がするからだ。私は、オトナっぽい姿を両親に見られるのが恥ずかしいという妙なコンプレックスがある。末っ子らしく、いつまでも子どもっぽいままでいることが親孝行なのではないかと、どこかで思っているからかもしれない。

そんな恥ずかしい私だけど、普段はもちろん一人称は〝私〟である。〝あきちゃん〟なんて、絶対に言わないし、自己紹介するときも、頑《かたくな》に「菊池です（キリリ）」で貫いている。そもそも私は、下の名前で名乗るのが死ぬほど苦手だ（身内の前では散々「あきちゃんさ～」とか言っているクセに）。仕事の場ではもちろん名字でよいのだけど、問題はプライベート。友だちの友だちが集まっているような場で、さらっと「ユキです」みたいに下の名前で名乗れる子を、私はいつも尊敬と嫉妬が入り交じった眼差しで見つめている。

私だって「はじめまして、あきこです」と言いたい！　だけど言えない！　「あきこ」は喉元辺りで引っかかったまま出てこず、結局「どうも菊池です」とぶっきらぼうな感じになってしまう。そもそも、「あきこ」って名前が言いにくいのではないのか。カ行が多くて噛みそうだし、3文字だし、だからサラッと出てこないのではなかろうか。ならば、「あき」だったら言えるかもしれない。「はじめまして、あきです」……う〜ん、やっぱりダメだ、言えない。サラリと下の名前で名乗れる子は、大抵すぐにまわりから〝ちゃん〟づけで呼ばれる。名字に〝さん〟づけで呼ばれがちな私は、もう羨ましくて仕方がない。名字でしか名乗れないくせに下の名前で呼ばれたいだなんて、めんどくさいにもほどがある。ああ、複雑な乙女心。

この〝名字でしか名乗れない病〟は、あらゆる場面で弊害をもたらしている。一番やっかいなのは、結婚後の挨拶問題だ。戸籍上は名字が変わったものの、仕事では相変わらず旧姓を使っている私は、夫の知人と会う場面で「こちら僕の奥さん」と紹介されたときに、とっさに「はじめまして、菊池です（キリリ）」と言ってしまうのだ。その場にいる全員に「えっ？」という顔をされ、慌てて「あ、えっと、あきこ、です」ともごもご自己紹介をし直す始末。私はなんと、先方のご両親と初めて対面したときにもこれをやってしまったのだ。失礼極まりないうえに、可愛げがなさすぎる。

しかし、お義母さんはそんな可愛げない私のことを「あきちゃん」と呼んでくれる。私の母は、故郷に帰るとまわりの人々から「いっちゃん」と呼ばれている。そういうのを、私はとても嬉しく感じる。ちなみに、私の家族につられてか、夫も私のことを「あきちゃん」と呼ぶのだけど、それを一番嬉しがっているのは、私ではなく母だ。自分の娘が、自分の知っている娘のままでいるような気がして、ほっとするのだろうか。

もうオトナなんだから、〝ちゃん〟づけなんてみっともない。自分のことを下の名前で呼ぶなんてオトナげない。それが世の常なのかもしれない。だけど本心は、子どもの頃から変わらない呼び名で呼んでほしいと思っている。女は、嫁になり母になり、いつの間にか名前を失っていくものだと思っていた。だけど、それってなんだかあんまりだ。若くても、年老いていても、可憐でも、逞しくても。女はみんな、かわいいかわいい誰かの娘なのだから。

8 またねのつづき

じゃじゃまる・ぴっころ・ぽろりは、幼い頃毎日必ず会っていた私の大切な友だちだ。そんな友だちが登場する子ども番組『にこにこ、ぷん』が、先日ついにDVD化された。私は再会の喜びを静かに噛みしめながら、ひとり膝を抱えてDVDを見た。私が生まれた年に放送が始まり、その後10年も続いた人気番組。私と同世代の方ならば、皆懐かしさで胸がギュッとなるはずだ。歌ったり、どんぴょんしたり、あっちむいてぷんしたりする3人が愛おしくってたまらない。空がピンクと水色のグラデーションに染まり、さよならの時間になったとき、3人はこんな会話をしていた。

「ぼくたちのさよならは、明日また会えるさよならだから、ぜーんぜんさみしくないよね（ぽろり）」

「いつもとおんなじさよならだもんにゃ（じゃじゃまる）」

「またあしたね（ぴっころ）」

なぜだか鼻の奥がつーんとなった。

私は「またね」という言葉が好きだ。また会えるということを、とても嬉しく感じる。私の仕事は、毎日同じ人と会う職種ではない。今日会った人たちと、明日はもう会わないということがとても多いから、余計にそう思うのかもしれない。お芝居の仕事の場合は一定期間を共に過ごすことが多いので、毎日仕事が終わると「またあした」と言って別れる。それは、寂しくないさよなら。でも、作品が終われば本当にさよならで、それは、いつもとおんなじさよならではなくなるから、とても寂しい。だけどこの仕事を続けていれば、きっとまた会える。「またね」には、「また会えるから、寂しくないよ」という強がりも含まれているような気がする。

だから私は、「またね」と言うとき、「また会いたい」と心から思うときしか使いたくないなと思う。「またね」を社交辞令で言いたくないのだ。だけど、一日は24時間しかなくて、一年は365日しかなくて、体はいっこしかなくて、そんなのは言い訳かもしれないけど、「またね」と言ったのに、なかなか会えないことが最近とても多いような気がする。私は喫茶店が好きで、いろいろなお店に行くのだけど、いつも帰り際に「また来ます」と言ってお店をあとにする。その言葉にウソは1ミリもない。だけど、頻繁に顔を出すことがなかなかできず、気がついたら何か月もご無沙汰してしまうなんてことがしょっちゅうだ。「またね」「また来ます」と言ったまま、何年も会ってない人、何年も行っていない場所が、一体どれだけあるだろう。「顔を見せないのは、仕事がんばってる証拠」とやさしいマスターは言うけれど、思い立ってふらりと「また」訪れたとき、顔をほころばせるマスターを見ると、間を置かずに「また」来たいなあと心から思う。

先日、仲良しの友だちが仕事の都合で地方に引っ越した。新幹線でビューンだし、仕事で定期的に東京に来るし、ぜーんぜん寂しくないもんねという顔をしていた、ふたりとも。引っ越しの前日、ふたり揃って大好きなアーティストのコンサートに一緒に行き、「またね」と軽く言って別れた。いつもとおんなじさよならにしたかったから。そうして彼女はふわりと引っ越していった。平気だなと思った。だけどさっきふと、「何してるかな、ごはん誘おうかな」と思った数秒後に、「あ、無理か」と気づいて寂しくなった。

大人になると、大好きな人や、大好きな場所が増え、「またね」と言って別れる機会も増える一方で、「またね」のつづきが訪れないことも多くなる。忙しくするのは悪いことではないけれど、「またね」と言った

ままで会えないのは、寂しいことだ。大人ってそういうものだからしょうがない、とは絶対思いたくない。新しい出会いはもちろん嬉しいことだけど、「またね」のつづきは、それとはまったく違ったじんわりくる嬉しさがある。会いたい人に、また会えるのは幸せなこと。一期一会はドラマチックだけど、私は「またね」のつづきがたくさんある人生がいいなと思う。

9　ひみつの抱え方

「このことは私たちだけのひみつだよ」って少女のように指切りをすることはもうない。だけど私たちは、いつの時代もひみつを抱えて生きている。口が堅いというのと、ひみつを守るというのは少し違っていて、ひみつを守るというのは、その人の心を守るということなのではないかと思う。

ここのところ私は、いくえみ綾先生の漫画を片っ端から読み返しているのだけど（大好きな先生の作品は、定期的に何度も読み返す派）、『彼の手も声も』という80年代後半に描かれた作品を読んでいて、ふとそんなことを思ったのだ。主人公の奈緒（小柄で引っ込み思案）と親友の明世（スポーツ万能で明るく快活）は、同じ男の子（無邪気な健ちゃん）を好きになる。結局、奈緒と健ちゃんが両想いになり、明世は笑って二人を応援する。だけど簡単には割り切れるはずもなく、明世は奈緒を避けるようになる。奈緒はショックを受けて涙を流し、明世も「自分がいやだ」と言って下駄箱の陰で静かに泣く。ぐるぐる渦巻く醜い嫉妬に苦しむ明世。「二人はうまくいってほしい。だけど、少しのあいだ、離れさせて」という複雑な気持ちが痛いほど伝わってきて、胸が締め付けられた。かけがえのない大切な友だち。だけど、友情のために別れるのは、余計に明世を傷つける。涙も枯れて抜け殻のようになりながら、それでも健ちゃんの隣で静かに明世を想う奈緒。ある日、奈緒のロッカーに明世からの手紙が。そこにはハッピーバースデーの文字と共に、二人にとって思い出のチョコバーが添えられていた。「￥１００のチョコバーいっぱいの気持ち」と書いた精一杯の明世の想いに、またしても胸がぎゅうとなったのだけど、そのときの奈緒の行動に私はもやもやしてしまった。

奈緒は、明世の手紙とチョコバーを握りしめ、泣きながら健ちゃんのもとへ走ったのだ。恋も友情も、両方なくしたくないっていう姿勢がずるいとか、そんなことではない。泣くほど嬉しい気持ちを、真っ先に彼と共有したいという気持ちもわからなくはないけれど、結局その行動がまた明世を傷つけるような気がした。精一杯の明世の気持ちは、ちゃんとひとりで受け止めるべきなんじゃなかろうか。チョコバーはひとりで泣きながら食べればいい。その味を、健ちゃんが知る必要はない。約束したわけじゃなくたって、そっとひみつにしておくべきことが、この世にはあるのだ。

無邪気で素直でまっさらで、ひみつを持たない奈緒のことをちょっぴり疎ましく思ってしまうのは、私がひみつを抱えた大人になってしまったからだろうか。学生時代に読んだときにはまったくそんなこと思わなかったのに、明世の気持ちに強く同調してしまったのは、どこかで身に覚えがあったからかもしれない。

私は己のひみつを抱え込むのが苦手で、わりとすぐに打ち明けてしまうタイプなのだけど、そういうときに、わざわざ「このことは誰にも言わないでね」と口止めしたりはしない。話しているときのムードで「このことはひみつね」という気持ちは伝わっているつもりでいる。そんなひみつムードを受け取った友だちは、他人にぺらぺら喋るなんてことはせず、ひみつを大切に守ってくれる。だけどこれが、ひとたび恋人や旦那さんのような〝身内〟相手になると、ひみつのダムはあっさり崩壊してしまうようで、友人にだけ話したことが、当たり前のように彼女の旦那さんの耳にも入っているなんてことが時々ある。私のひみつの内容が、旦那さんにとってまったくのテリトリー外であるから漏れることはないし、身内だし、ということだと思うのだけど、大切なひみつが第三者に渡されたことで、心の見えない部分がぽろぽろぽろと崩れるような虚しい気持ちになったことが何回かある。だからといって友だちを責めるつもりはまったくないし、実際ひみつ

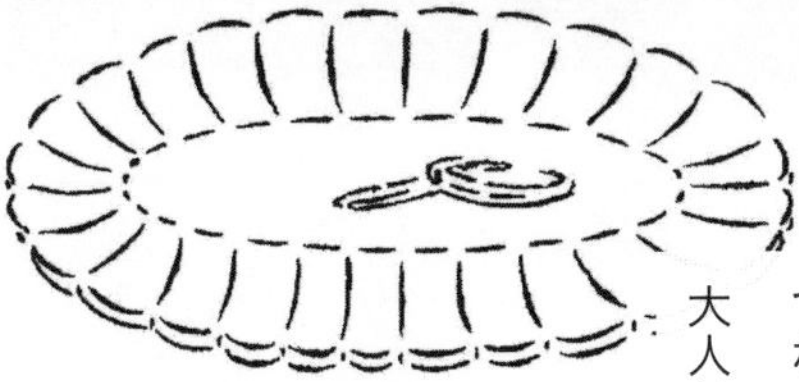

が広がってしまったわけではないのだから問題はないのだけど、やっぱり少しだけ悲しい。ひみつは人に言うべきではないけれど、夫婦の間で何かをひみつにしておくということは難しいことなのかもしれない。実際、私はどうだろう。信頼している身内だからこそ、ポロリと話してしまうこと、あるかもしれない。

ひみつは広がらなければ漏らしてもいいものでは決してない。たとえ恋人や夫婦であっても、共有すべきでないひみつがある。受け取ったひみつを、自分の手だけで大切に抱えることで、ひみつの主の心を守る。大人はひみつを守るのだ。

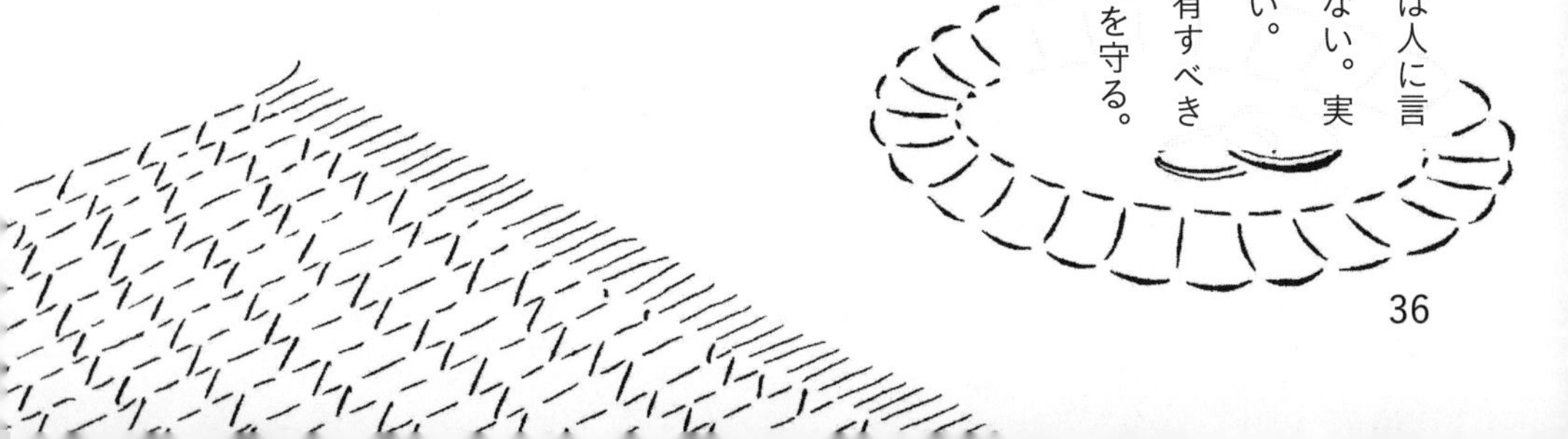

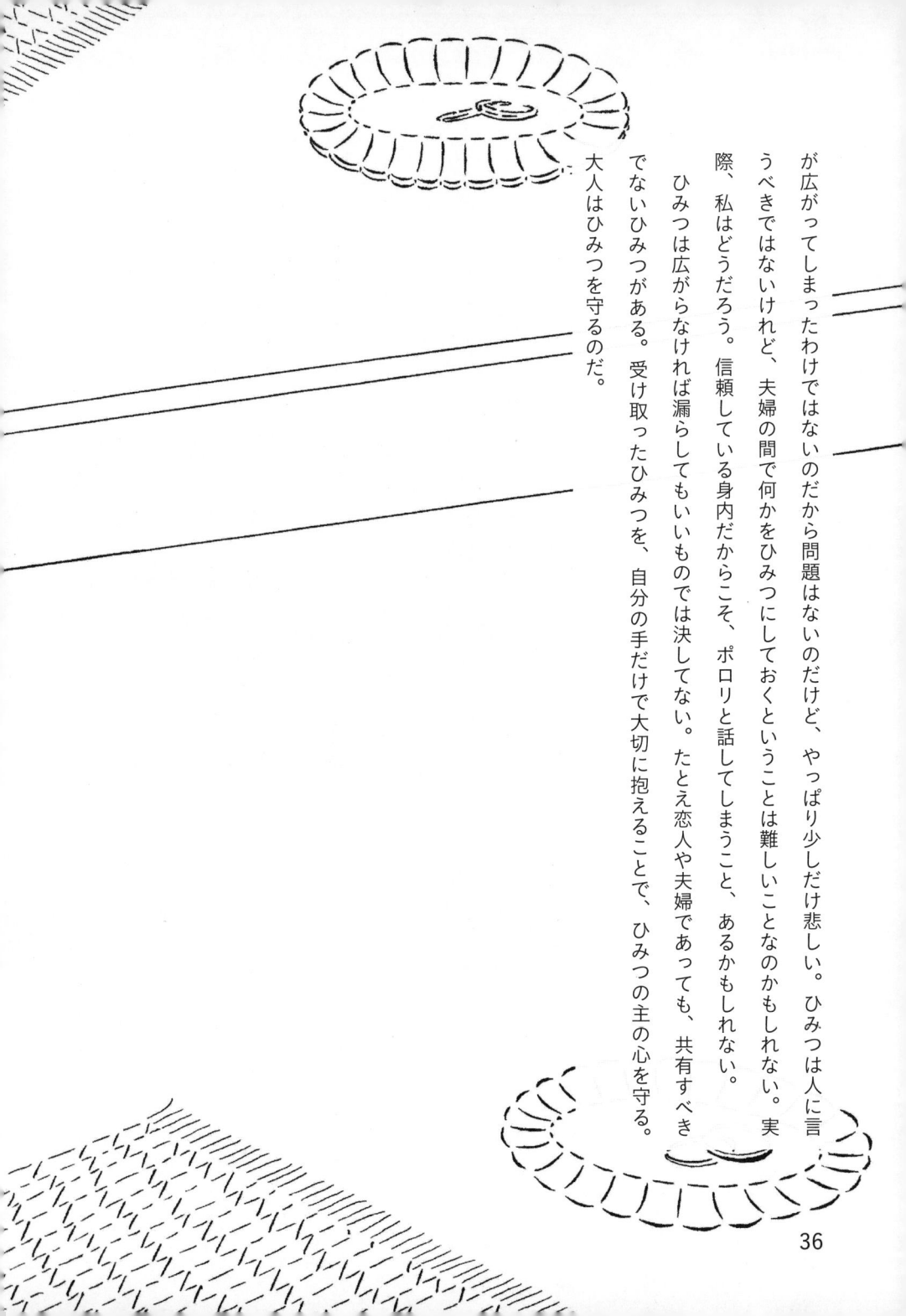

10 ジェラシージェラシー

何気なく手に取った雑誌の占いページに、

「ひとを羨む気持ちは、あなたをくすませる!!」

と書いてあるのを発見し、私は思わずアッチョンブリケのポーズで鏡を覗き込んでしまった。占いは基本的によいことしか信じないし、読んでもすぐに忘れてしまうタイプだけど、なぜだかこのフレーズが頭から離れなかった。それはきっと、まさにそのとき私が〝ひとを羨む気持ち〟にのみ込まれそうだったからだ。

誰に教わったわけでもないけれど、〝誰かを羨ましいと思ったり嫉妬したりするのはよくないこと〟という感覚が、幼い頃からずっとあったように思う。〝贅沢は敵!!〟じゃないけれど、〝ジェラシーは悪!!〟という謎の呪縛に、長いこととらわれて生きてきたような気がする。心のスキマからジェラシーの雲がむくむく顔を出そうものなら、「ひとはひと、自分は自分。誰かと比べるなんて意味がない」と、使い古された呪文をぶつぶつ唱えながらジェラシーをのみ込んでいた。その呪文が実はあまり効かないってことに、私はずっと気づかないふりをしていた。

だけどやっぱり無理がある。己のジェラシーを持たないなんて、私にはできなかった。持っちゃいけないよと思っていても、自分の意に反するところでそれはむくむくと姿を見せるし、そのたびにいちいち自己嫌悪に陥るのも、もう疲れた。「そんなんじゃ、くすむわよ」と占いに諭されたって、「羨ましいと思っちゃうもんは仕方ないでしょ!」と口をへの字に曲げていたまさにそのとき、私は救世主に出会った。

それは、モーニング娘。'17年の『ジェラシージェラシー』という曲なのだけど、「ああまたハロプロの話ですか」と呆れないで一度聞いていただきたい。10代の思春期まっさかりな娘たちが歌う人間心理は、30代の私の心に見事にジャストミートし、実際確かな支えになったのだから。一番グッときたのはこの部分。

♪人間脳なんて　きっと多分　ほとんど　Made with Jealousy
だからこそ明日に向かう♪

「ジェラシーは悪！ 蓋をして隠さなければいけません」と思って生きてきた私にとって、ジェラシーをポジティブなパワーに変えるという歌詞は、目からウロコの救いの言葉のように思えた。

♪ジェラジジェラジェラっちゃう　分かっちゃいるけどジェラっちゃう
「Rich」「Young」「Girly」「細い」
全てのみ込んで明日への糧　未来に向かって
Let's go！♪

という後半のちょっとふざけたラップパートを、♪ジェラジェラ♪yo〜yo〜♪と軽やかに歌っているうちに、ジェラシーによって生まれた自己嫌悪な気持ちが、いつの間にか軽やかに飛んでいく。ジェラシー心を肯定してくれた歌と出会えた私は、生きるうえでの強力なアイテムを手に入れたようで、心強い気分になった。のちに、つんく♂さんのライナーノーツを読んだところ、「そもそも、人間がここまで文化や科学を発展させてきたのも、ジェラシーがあったからだよね」というようなことが書いてあり、深く納得した。ジェラってるのは、なにもうら若き乙女だけじゃない。少年も青年も、おねーさんもおじさんも、会社や社会だって、そりゃあ自分より優れたものを見たらジェラっちゃうに決まってる。

中学生のとき、サラサラストレートヘアの恋敵に抱いたジェラシー。高校時代、年下で同期のモデルの子に抱いたジェラシー、大人になって身近な友だちに抱いてしまったジェラシー。思い出したらキリがない私のジェラシーたち。いくつになったって、生きている以上ジェラ期ってのは定期的にやってくるものなのかもしれない。やれやれだ。だけど案外ジェラ期って成長期なのかもしれない。ジェラシーがあるから、人は工夫をする。ジェラシーは、人生を楽しくするための起爆剤のようなものだ。

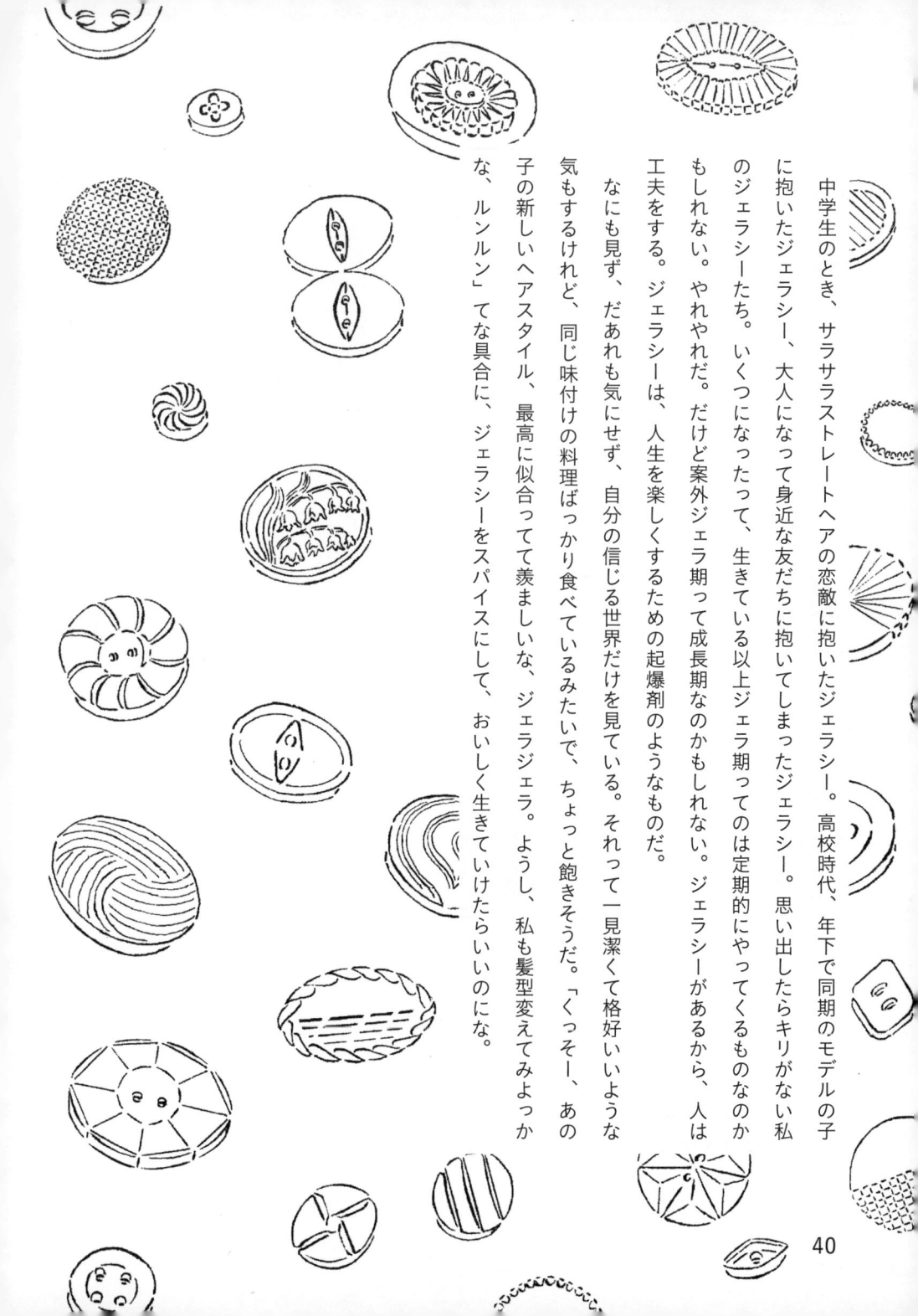

なにも見ず、だあれも気にせず、自分の信じる世界だけを見ている。それって一見潔くて格好いいような気もするけれど、同じ味付けの料理ばっかり食べているみたいで、ちょっと飽きそうだ。「くっそー、あの子の新しいヘアスタイル、最高に似合ってて羨ましいな、ジェラジェラ。ようし、私も髪型変えてみよっかな、ルンルン」てな具合に、ジェラシーをスパイスにして、おいしく生きていけたらいいのにな。

11 モテたい私

「あっこちゃんのファッションは、誰かにモテるためめってていうより自分にモテるためめって感じがするね」と言われたことがある。もともと私は〝モテる、モテない〟ということにあまり興味がなかった。思春期の頃は〝モテファッション〟だとか〝モテメイク〟という言葉に共感できないでいたし、ファッションもメイクも、自分が心から好きだと思えることが一番大事だと思っていた。だけど最近になってようやく気づいたことがある。おしゃれ心が芽生えたときから、私はいつだってモテたいと思っていた。

誰も彼も、みんなからモテたいわけじゃない。私の場合、モテたい対象は常に特定の誰かだった。自分で洋服を選ぶようになったのは小学5年生ぐらいで、この頃私が一番モテたかったのは多分母だ。私は母のことが大好きだった。だから母が「わあ素敵ねえ、かわいいねえ」と喜んでくれると、それはそれは嬉しかった。当時巷《ちまた》ではピタTなるものが流行っていて、近所のお姉さんがみんな着ていたこともあり、私はピタTが欲しくて仕方がなくなった。母にお小遣いをねだり、私は生まれて初めて友だちと街へ買い物に出掛けた。買ったのは、ツイッギーの顔がプリントされたピタピタのTシャツ。帰宅し母の前で着てみせたところ、母は「あら、ツイッギーなんて懐かしいわね」と言っただけで、なんともあっさりした反応。否定されたわけでもなんでもないのに、なんとなく気分が冴えなかった。「お母さん、これあんまり好きじゃないんだな」と、そう思った瞬間、ツイッギーの顔がみるみる曇って見え、ピタピタの布越しに見えるほんの微かな胸の膨らみがなんだかものすごく恥ずかしくなり、結局それ以来母の前でピタTを着ることはなかった。

中学生になり、おしゃれ心が開花してから今に至るまで、私が常にモテたいと思っていたのは、女友だちだ。女友だちはいつだってライバルで、同志で、おしゃれに関してイチバンの味方である。彼女たちの率直な声は、良くも悪くもズシリと響く。「それ、本当に似合ってるよね」なんて褒められたら最後、会うたびに似たような服を着てしまったりする。私は毎日洋服を決めるとき、その日会う人の顔を思い出すようにしている。会った瞬間、ちょっとでもテンションが上がってくれたら嬉しいから。相手の顔色をうかがっているとか、媚びているとか、そういうことじゃない。傍にいる大好きな人が、自分のファッションを気に入ってくれたら、そりゃあ嬉しいもの。自分が心から気に入っていても、目の前の相手がそれを好きじゃないのなら、私はあえてそれを選ぼうとは思わない。だっておしゃれは、ひとりでは完結しないから。

そんなわけで、私が今一番モテたい相手は一番近くにいる夫である。洋服を買うときに「夫が好きかどうか」なんてことは一切考えないけれど、コーディネートを考えるときには、やっぱり考える。男の人の反応というのはとてもわかりやすくて、自分好みの服だと前のめり気味に「いいじゃん、いいじゃん」となるくせに、あんまりな場合は特に顔色を変えず「かわいらしいんじゃない」とだけ言う。その微妙な差異を私は見逃さない。「ねえ本当は、どう思う?」と食い下がる私に、夫は渋々といった感じで、「昭和の学生みたいだとか「現場のおっちゃんみたい」だとか「太って見える」みたいな感想を、ぼそりと言う。基本的に女性の外見的な部分を否定するのを嫌う人なので、「あっ、でも似合ってると思うよ」とフォローが入るのだけど、お気に入りのジャケットを着ているのに「昭和の学生みたいだなあ」と思われながら一緒にいるなんて、まったくもって不本意なので、結果その洋服は夫の前に限りお蔵入りする運命となる。一度〝ケチ〟がついた洋服を再び着るのはなかなかに気合いがいるのだけど、そんなときこそ女友だちの出番。オーバーサイズのジャ

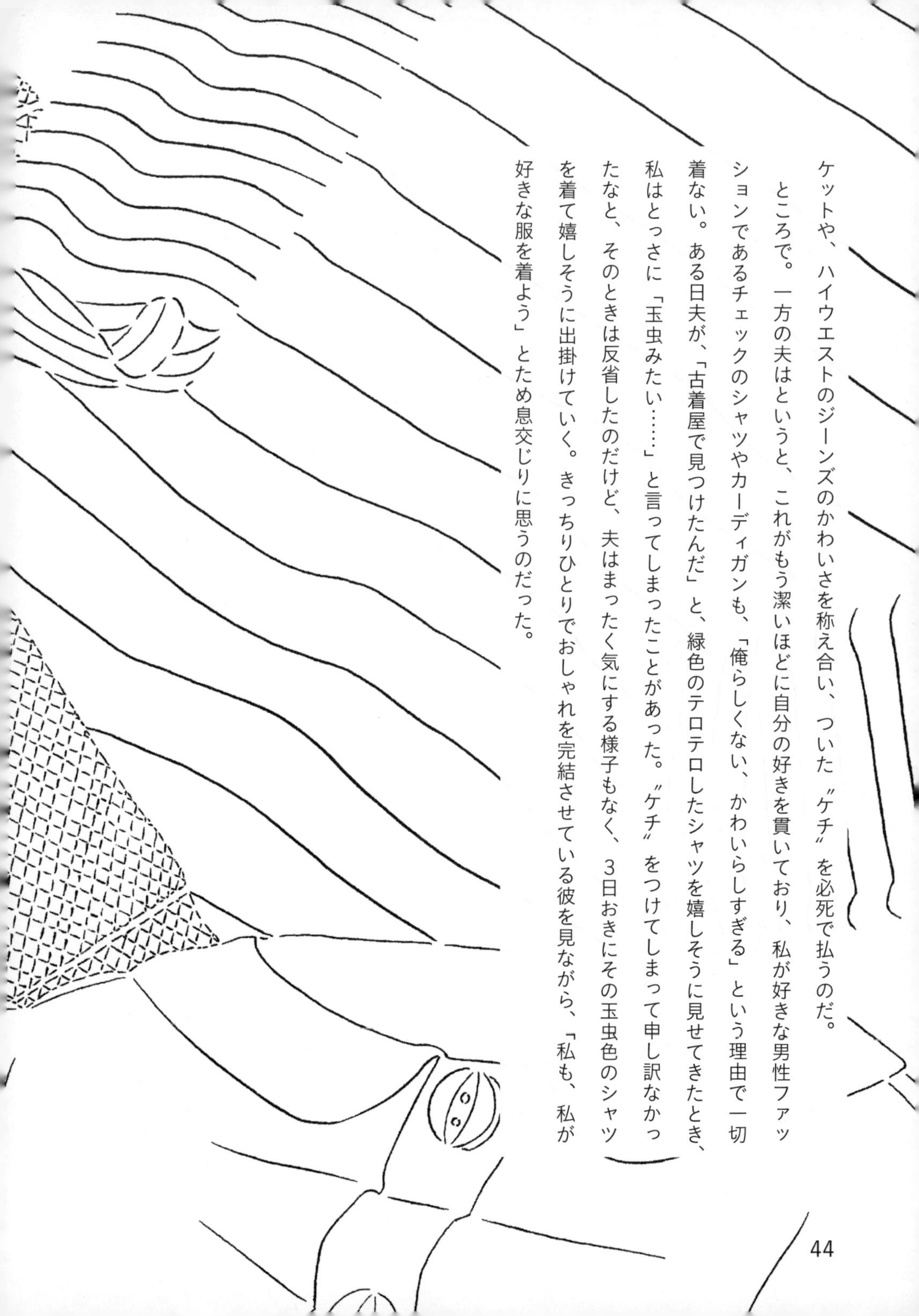

ケットや、ハイウエストのジーンズのかわいさを称え合い、ついた〝ケチ〟を必死で払うのだ。

ところで。一方の夫はというと、これがもう潔いほどに自分の好きを貫いており、私が好きな男性ファッションであるチェックのシャツやカーディガンも、「俺らしくない、かわいらしすぎる」という理由で一切着ない。ある日夫が、「古着屋で見つけたんだ」と、緑色のテロテロしたシャツを嬉しそうに見せてきたとき、私はとっさに「玉虫みたい……」と言ってしまったことがあった。〝ケチ〟をつけてしまって申し訳なかったなと、そのときは反省したのだけど、夫はまったく気にする様子もなく、3日おきにその玉虫色のシャツを着て嬉しそうに出掛けていく。きっちりひとりでおしゃれを完結させている彼を見ながら、「私も、私が好きな服を着よう」とため息交じりに思うのだった。

12 猫が行方不明

わが家の愛猫マロが、先日行方不明になった。マロ（♂・9歳）は生まれてこのかた、病院以外で外に出たことがない完全なる家猫だ。怖がり屋の内弁慶で、下界で生きていけるタイプの猫ではない。窓辺から外を眺めるのは好きだけど、自ら外に出ようとすることはなく、毎日家の中の気持ちのいいところを渡り歩きゴロゴロしている。数年前に一度だけ外に出てしまったことがあった。あれは本人もうっかりびっくりの出来事だったと思う。帰宅してドアを開けた私の足元にすり寄ってきたマロは、ゴロンゴロンと転がりながら気づかないうちにドアの外に出てしまった。焦った私の「マロ！　だめだよ！」という大きな声に驚いたマロは、マンションの階段をダーーーッと降りてしまった。いつもと違う世界にパニックになってしまったらしい。結局敷地の外に出ることはなく、マンションの室外機の下に逃げ込んでいた。ぶるぶると大げさなくらい震えるマロを抱きかかえ、「ごめんね、ごめんね」と言いながら連れ帰った。家の中に戻った途端ゴロゴロとくつろぎ出すマロを見ながら、「この子は下界ではやっていけぬ」と悟ったのだった。もしあのとき、マロが敷地の外へ出てしまったら……。想像しただけで怖くなった。すっかり肝を冷やした私はそれ以来、〝猫がいなくなる〟ということに敏感になった。映画やドラマで猫が行方不明になるシーンは本当に苦手だ。猫がいなくなっても物語はどんどん進んでいくけれど、私はいなくなった猫のことが気がかりでストーリーが入ってこないのだ。最近近所の電信柱に迷い猫（三毛猫）の貼紙を見つけ、私は家に帰る途中毎日その三毛ちゃんを探している。飼い主さんの気持ちを想うと、苦しくてたまらない。脱走騒動以来マロが玄関の外へ出ようとすることはなくなったけど、ドアの開閉には細心の注意を払っていた。

今回の事件の中心人物は母だった。先日、私は季節の変わり目のせいか体調を崩し、実家から母がヘルプに来てくれていた。人見知りのマロも、母が身内であることをすぐに理解したらしく、すぐに慣れた。掃除魔である母は、散らかったわが家を見て「アナタは寝てなさい」と言いながら腕まくりをし、せっせと掃除を始めた。合間に洗濯機を何回も回し、ごはんを作り、お風呂を掃除し……、そんな感じで滞在中ずっと働いていた。滞在3日目、母が岐阜へ帰る日の朝。体調が回復した私は、母と共に朝からせっせと部屋の配置替えをしたり、不要品を処分したりと、ドタバタ作業していた。一段落し、母はシャワーを浴びに風呂場へ。私はリビングでふうと一息。足元でグースカ眠るワカメ（愛犬♀・11歳）をなでながらマロを呼ぶ。いつもならトトトとやってくるのに、何度呼んでも来る気配がない。こういうときは大抵日当たりのいいどこかで眠っていることが多く、マロのお気に入りスポットを見て回る。書斎の机の裏、カーテンの裏、棚の上の籠の中、しかしマロの姿はどこにもない。私はだんだんと背中が冷たくなるのを感じた。マロを呼ぶ声にも不安が混ざる。「マロちゃーん、出ておいでー」と何度も呼んでみる。爆睡していた夫も私の異変に起き出してきて、一緒にマロを探した。もともとマロは夫が飼っていた猫だ。怖がりなマロの性格を熟知している夫は、「きっと掃除の音が怖くて隠れているんだよ」と、マロが怖いときに隠れる場所を順に探していった。洗濯機の裏、キッチンの戸棚の上、天袋、ベッドの下。しかしマロはどこにもいない。夫の顔にも焦りが見え始めた。「お義母さん、玄関開け閉めしてたよね……」と言う夫に、私はハッとして風呂場へ走った。半泣きになりながら、「お母さん！ 玄関のドア開けっ放しにしなかった!?」と詰め寄る私に、頭を泡々にしながら「ゴミ出しに何回か開けたけど、マロちゃん出ないように気をつけてたよ」と答える母。「ほんとに!? うっかりしてたんじゃないの!?」と責める私に焦った母は、急いでお風呂から上がり濡れた髪のまま部屋着姿で外へ飛び出していった。夫も余裕がない様子で、「やっぱり中にはいない、僕も外見てくる」と出ていった。ひとり取り残された私は、病み上がりのせいかかなり情緒不安定だったようで、「もしこのままマロが見つからなかったら……大好きなお母さんのことを恨むことになるなんて、そんなの絶対に嫌だ。いやだいやだ! いやだよう!」と、ベソをかきながらうずくまった。マロもワカメもすっかり私たち夫婦の家族という感覚があるし、どちらも同じくらい大切だけど、それでもやっぱりワカメは私の犬、マロは夫の猫という感じがどこかにある。言うならば〝連れ子同士の再婚〟のような感覚で(ふたりとも初婚だけども)、もしもマロに何かあったら私だってとても悲しいけれど、同時に夫に顔向けできないというような感情が膨らむ。と、そこまで最悪なパターンをひとしきり想像したところで我に返った私は、「いやでもしかし、あんなに下界を怖がっていたマロが、そうそう簡単に外には出まい」と妙に冷静になり、気を遣って母が掃除をしなかった夫の汚部屋へ侵入した。ここはとっくに夫が探していたけれど、なんだか勘が働いたのだ。果たして、マロは見つかった。一体どうやって入ったのか、棚の中にぎゅうぎゅうに詰め込まれたTシャツを掘り起こしていったら、一番奥でのんきな顔をして眠っていた。「はあ~」と安堵のため息が漏れると同時に、ふたりが帰ってきた。みんなでマロを囲み「よかったよかった」と言い合いながら、きょとんとするワカメに「アナタ犬なんだから、ちょっとは鼻をきかせなさいよね」と言ってみたりした。

「なんだか、手伝いに来たのに余計なことしちゃったみたいで悪かったねえ」と言って母は岐阜へ帰っていった。私たち夫婦が大げさに騒いだだけで、母はまったく悪くないのに。ちくりと胸が痛んだ。後日、迷い猫の貼紙にマジックで『見つかりました! ありがとうございました!』と書かれているのを見つけ、心

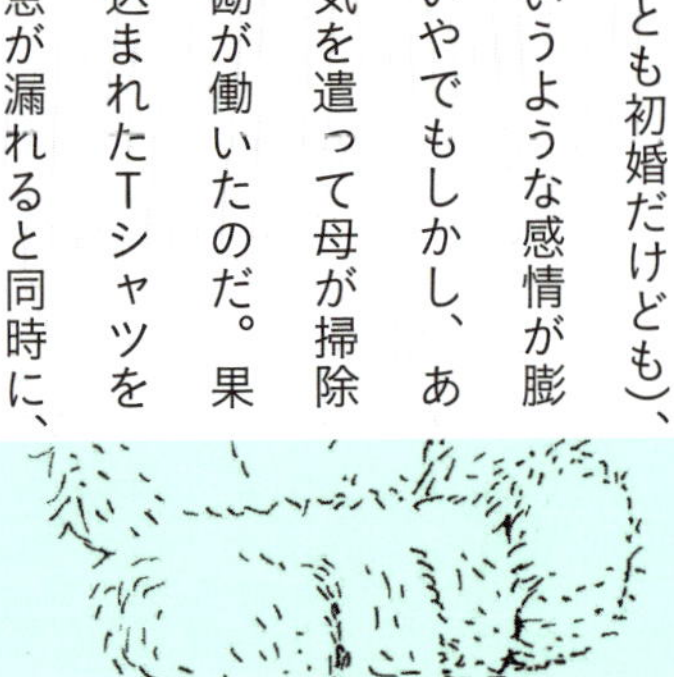

の底から「よかったねえ、よかったねえ」と思った。すっきり片付いた部屋でマロとワカメを両手に抱きながら、今この子たちがここにいる幸せを噛みしめるのだった。

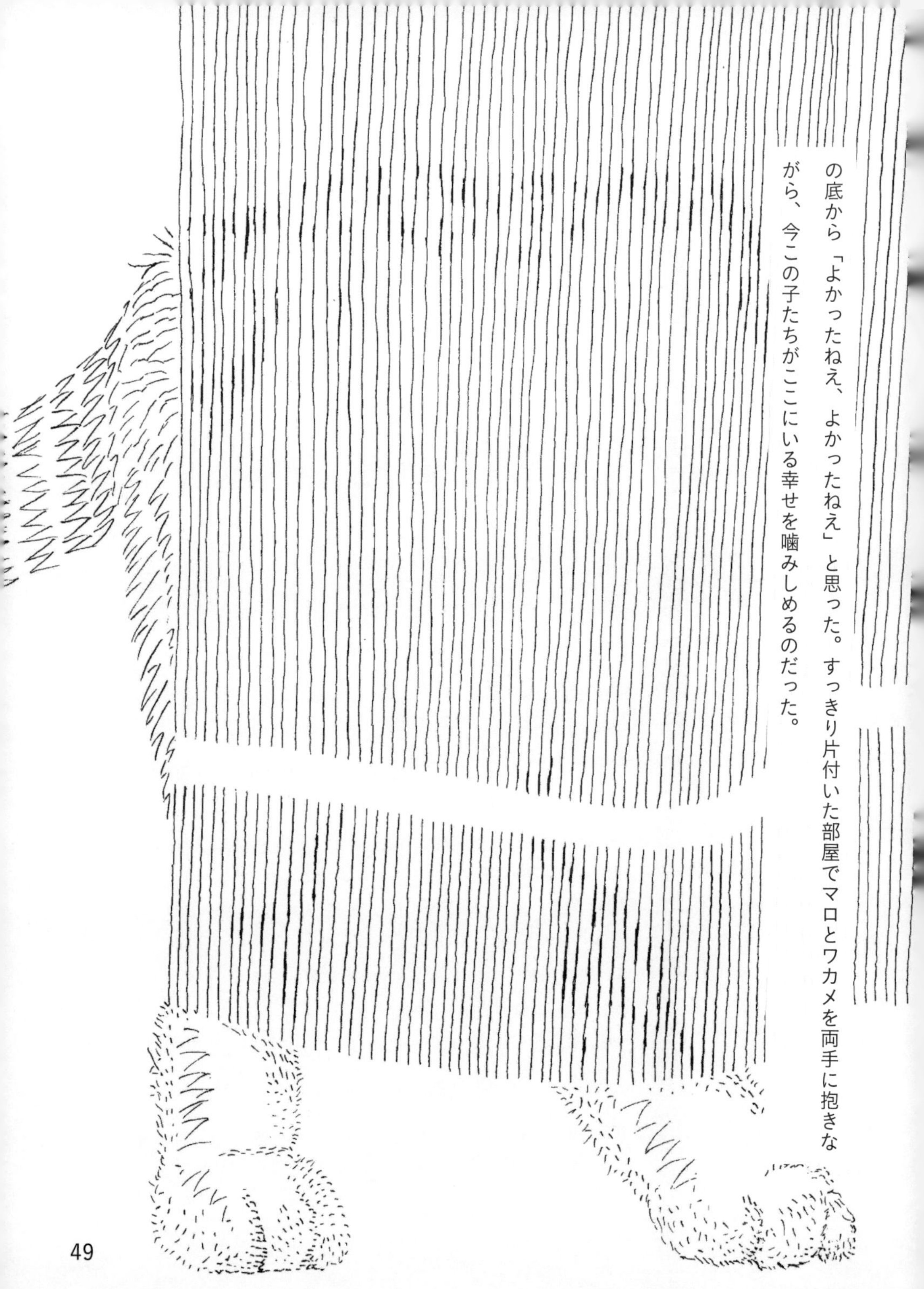

13 お買い物の女王

お昼どきに、ひとりでふらりとハンバーガーショップを訪れた。チェーン店ではない本格的なハンバーガーショップだ。席についた私は、渡されたメニューとにらめっこしながらしばし悩む。ハンバーガーのお値段はどれも800円を軽く超えていて、チーズやらアボカドやらがのったいかにもリッチでおいしそうなハンバーガーは優に1000円を超えていた。セットのドリンクは200円。自分の欲望と理性に必死で耳を傾け悩みに悩んだ末、私は一番プレーンな800円のハンバーガーとジンジャーエールを注文した。

「ランチは1000円以内じゃないとダメなんです！ ランチは私たちの希望なの!!」

ランチを注文するとき、私は必ずこのセリフを思い出す。これは、15年近く前に放送されていた『ランチの女王』というドラマのヒロイン、竹内結子さんのセリフだ。じゃがいもを間違って大量に注文してしまい、冷たいじゃがいものスープ〝ビシソワーズ〟を作ることになるのだけど、値段を300円にしてしまうと他のメニューと合わせたときに1000円を超えてしまう。だからビシソワーズは150円にできませんか!!とシェフに食い下がるこのシーンに、私は激しく共感した。ランチは1000円以内。千円札一枚でお腹が幸せに満たされれば、きっと午後も頑張れる。これこそが、ランチに求める希望なのだ。

とは言いつつ、これがなかなか難しい。イマドキそれなりにおいしいランチを食べようと思ったら、1000円を超えてしまうことなんてザラだ。人と一緒に食事をするときに、「ここは高いからやめよう」なんて野暮なことは言わないし、本当においしいのであれば1000円を超えたって構わないという気持ちもあるのだけど、やっぱり心の片隅で「ランチは1000円以内でお願いします!」と叫んでいる自分がいる。

私は多分、ケチなほうではないと思う。買い物も大好きだし、おいしいものも旅行も大好き。お金を使うということを、わりとポジティブに捉えているタイプの人間だ。だけど、豪快にお金を使ったかと思えば、変なところで値段に厳しかったりするので、人から見ると矛盾しているように見えることもあるようだ。例えば、3万円を超えるワンピースを試着3秒で即決するくせに、1万円もしないサンダルを3年越しで悩んだり、スーパーで値引きされたお肉を必死で探しながら、奮発して高級な調味料を買ったり。金額が高いから悩む、安いから即決する、という概念は私の中にはあまりない。〝お金を使って買い物をする〟ということに、毎回真剣勝負で打ち込みたいのだ。ちなみにクレジットカードは、お金を使ったという感覚が得られないからあまり好きではない。普通は逆なのかもしれないけれど、私は大きな額になればなるほど現金で払うようにしている。諭吉をレジで「いちまい、にまい……」と数えるのはなんだか恥ずかしいし、緊張感も高まるけれど、「私は!今!お金を!使っている!!」と実感しながら買い物がしたい。お金を使うことが快感だとか、そういうことではない。真剣一本勝負のお買い物を、しかと胸に刻みたい。それだけだ。

小学生時代、母から貰った500円で『りぼん』を買って、おつりの110円で最良の買い物をすべく駄菓子屋を何軒もハシゴしていたあの頃と、私はきっとなんにも変わっていない。500円とひきかえにやってきた駄菓子を食べながら『りぼん』を読む時間の、なんと幸せなことか!おいしいランチを1000円以内で食べられたときの喜びも、とびきりのヴィンテージワンピースを5万円で買ったときの興奮も、特売のお肉を買えた幸運も、どれも私にとっては同じもの。お金を手にしてほくほくするよりも、お金を旅立た

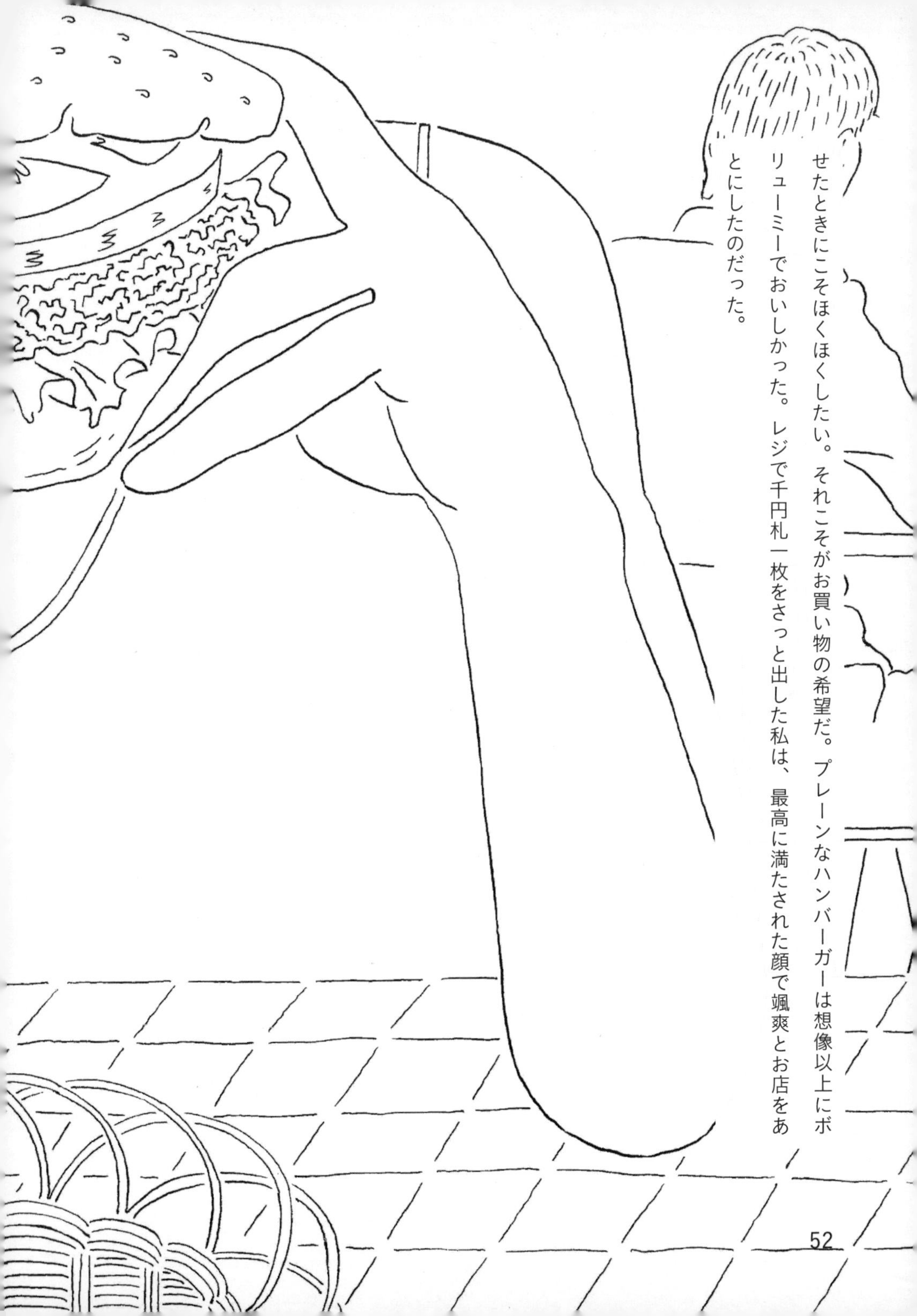

せたときにこそほくほくしたい。それこそがお買い物の希望だ。プレーンなハンバーガーは想像以上にボリューミーでおいしかった。レジで千円札一枚をさっと出した私は、最高に満たされた顔で颯爽とお店をあとにしたのだった。

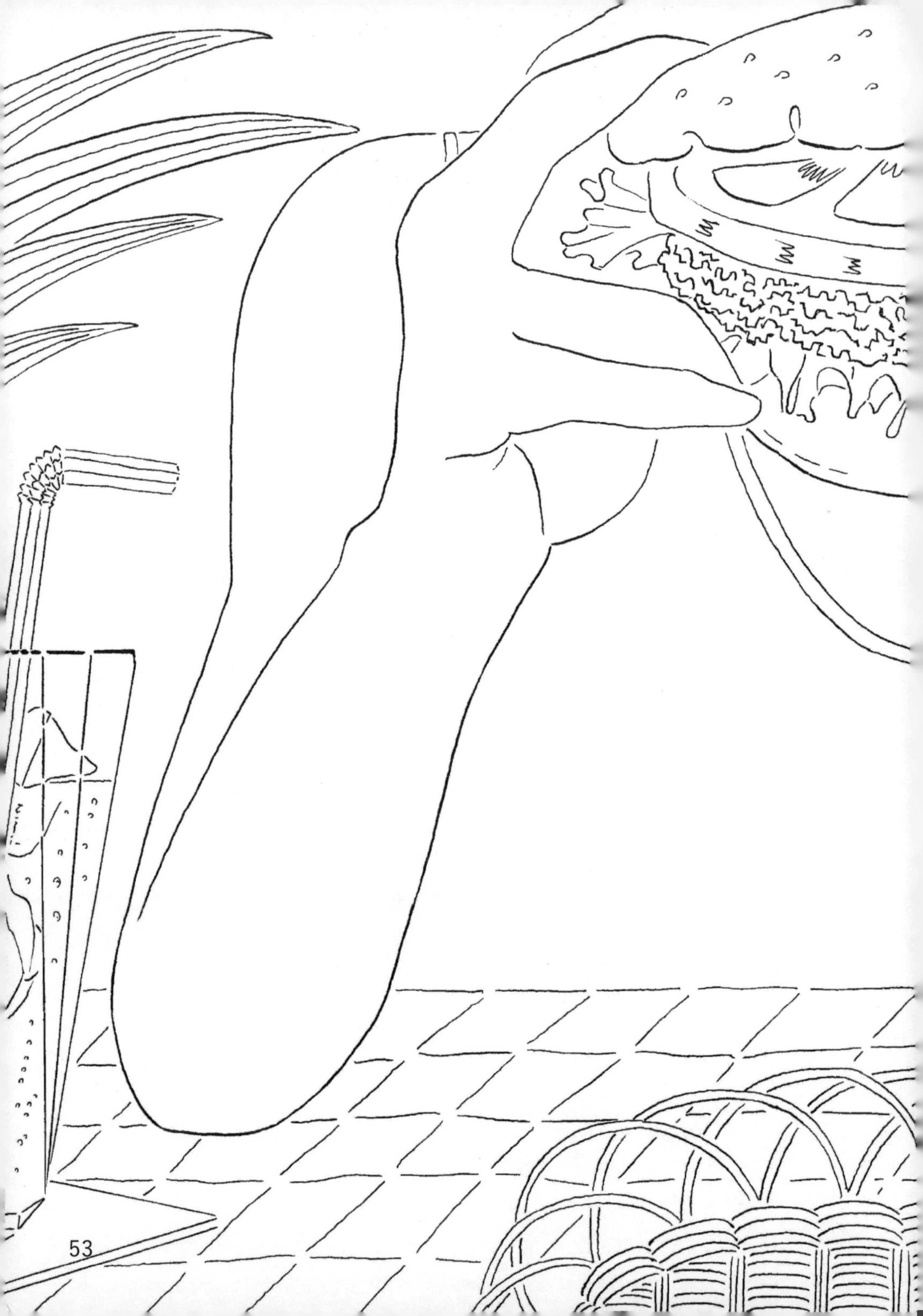

14 パーティの理由

私は家に人を呼びたがる。「家が一番落ち着く」とか、「誰かのためにごはんを作りたい」とか、「一緒にDVD（主にハロプロ）を見て感動を分かち合いたい」とか、「手芸部をやる」とか、人を呼ぶ理由はいろいろあるのだけど、本当の理由は実はまったく別のところにある。

私が家に人を招く本当の理由は、「部屋が散らかっている」からだ。正しくは、「部屋を片付けたい」から、私はパーティの計画を立てる。誰かが家にやってくる！　こんな散らかった部屋見せられないわ！　よし片付けるとしよう!!という風に、片付けるための正当な理由を手に入れないことには、私はなかなか部屋を片付けられない。

私の〝片付けられない〟歴史は、幼少期まで遡る。幼い頃から私は家族に、「アキコがいた形跡はすぐわかる」と言われ続けてきた。絵本やかばんやおもちゃなんかが床に散乱していて、私がいた様がありありと想像できるのだそうだ。当時放送されていた『こんなこいるかな』という子ども番組に登場する「ちらかしやの〝ぽいっと〟」に、天パなところまでそっくりだと評判だった。学校の机の引き出しは、プリントやらどんぐりやら手作りのねりけしやらがぱんぱんに詰まっていてなかなか開かず、勢い余って中身をぶちまけてしまうなんてことは日常茶飯事で、通信簿には必ず「身のまわりの整理整頓を心がけましょう」と書かれていた。

大人になってもその性質は変わらない。片付かない一番の原因は、好きなもの（コト）が多すぎることだと思う。大好きな動物の置物を愛で、お気に入りの漫画を読み、ワカメとマロの絵を描いて、大好きなブランケットに包《くる》まって昼寝をし、ちょこっと原稿片付けて、チョコレートを齧《かじ》って。そんな風に過ごしていたら、私のまわりはあっという間に散らかっていく。そこに私がいなくとも、私の気配がくっきりとそこにある。ここで問題になるのは、散らかすくせに散らかっている状態がニガテだということだ。よく、片付けられない人は「散らかっているほうが落ち着く」と言うけれど、私は幸か不幸かそのタイプではない。「好きなものに囲まれていたいけど散らかっているのはイヤ！」と思いつつ、片付けるよりもやりたいことが勝ってしまって一向に片付かないそんな日々に、私自身が呆れている。

　そもそも、ひとりだと緊張感がなさすぎて、〝だらだらアキコ〟と〝きちんとアキコ〟が戦った場合どうしたって〝だらだらアキコ〟が勝ってしまう。見栄っ張りな私は、「誰かによく思われたい」という感情がないことには部屋を片付けられないことを悟った。そんな私にとって結婚は絶好のチャンスだった。常に人の目に晒されている緊張感さえ手に入れれば、私は〝片付けられる人〟になれるはずだと希望の光を感じた。がしかし、その光はあっけなく消え去った。夫は独身時代、洗濯物を干すスペースがなく、濡れたTシャツを壁に貼りつけて乾かすという荒技をやってのけるような人物だった。外したコンタクトレンズをゴミ箱に入れることすらできない人で、ベッドサイドにはレンズの残骸がタピオカのようにピカピカと輝いている。片付けができず「散らかったままでごめんね」と申し訳なく言う私に、「散らかっているほうが落ち着くから全然平気だよ」とにっこり答える彼を見て、私はうっすらと恐怖を感じた。「ぽっちゃりしているほうが好きだよ」と言われ、安心しきって食べ続けて気づいたら体型がすっかり変わってしまうような、そんな恐怖。これはイカン。私には、散らかっている部屋を見て軽く引いてくれる、まっとうな視線と緊張感が必要

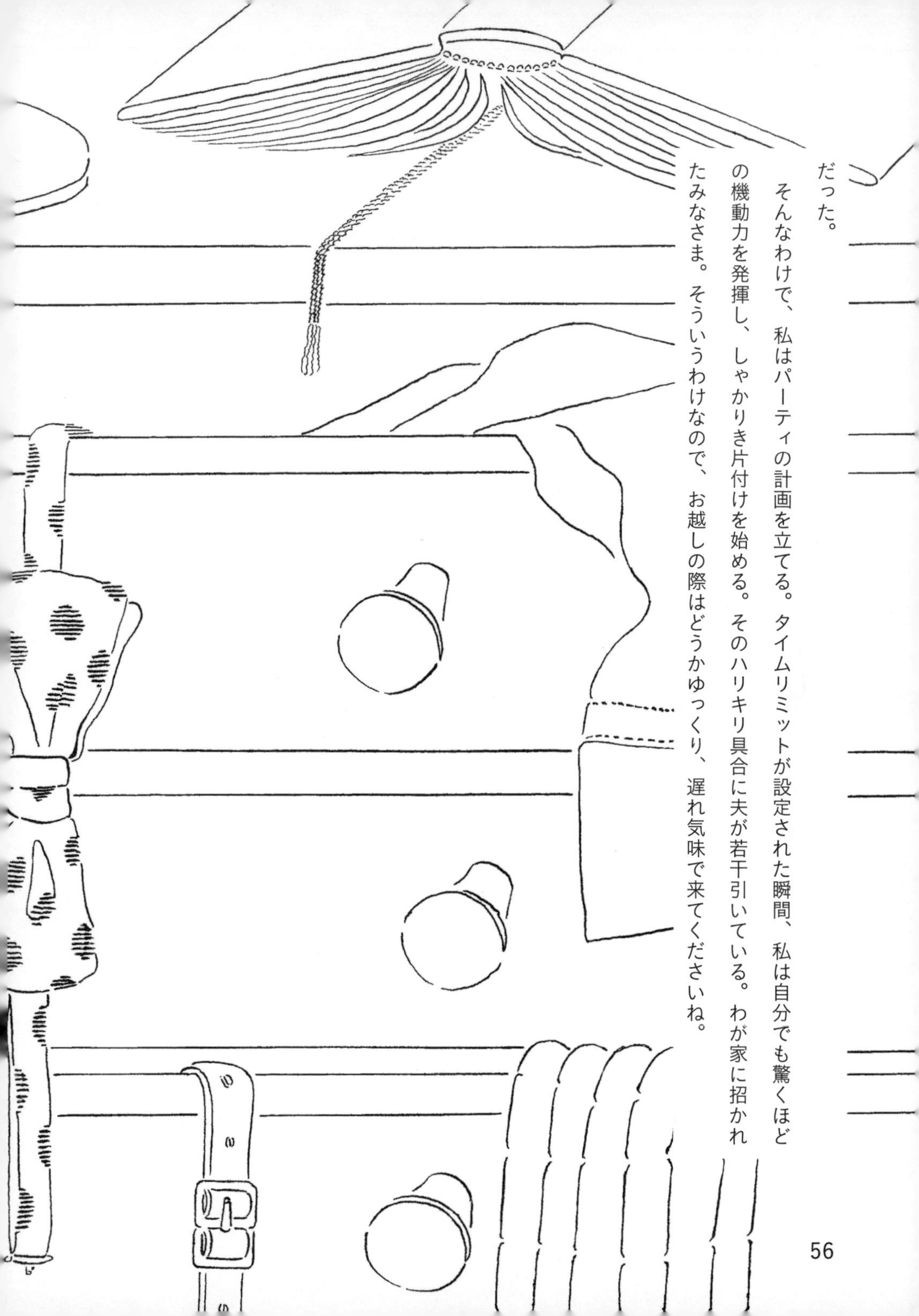

だった。

そんなわけで、私はパーティの計画を立てる。タイムリミットが設定された瞬間、私は自分でも驚くほどの機動力を発揮し、しゃかりき片付けを始める。そのハリキリ具合に夫が若干引いている。わが家に招かれたみなさま。そういうわけなので、お越しの際はどうかゆっくり、遅れ気味で来てくださいね。

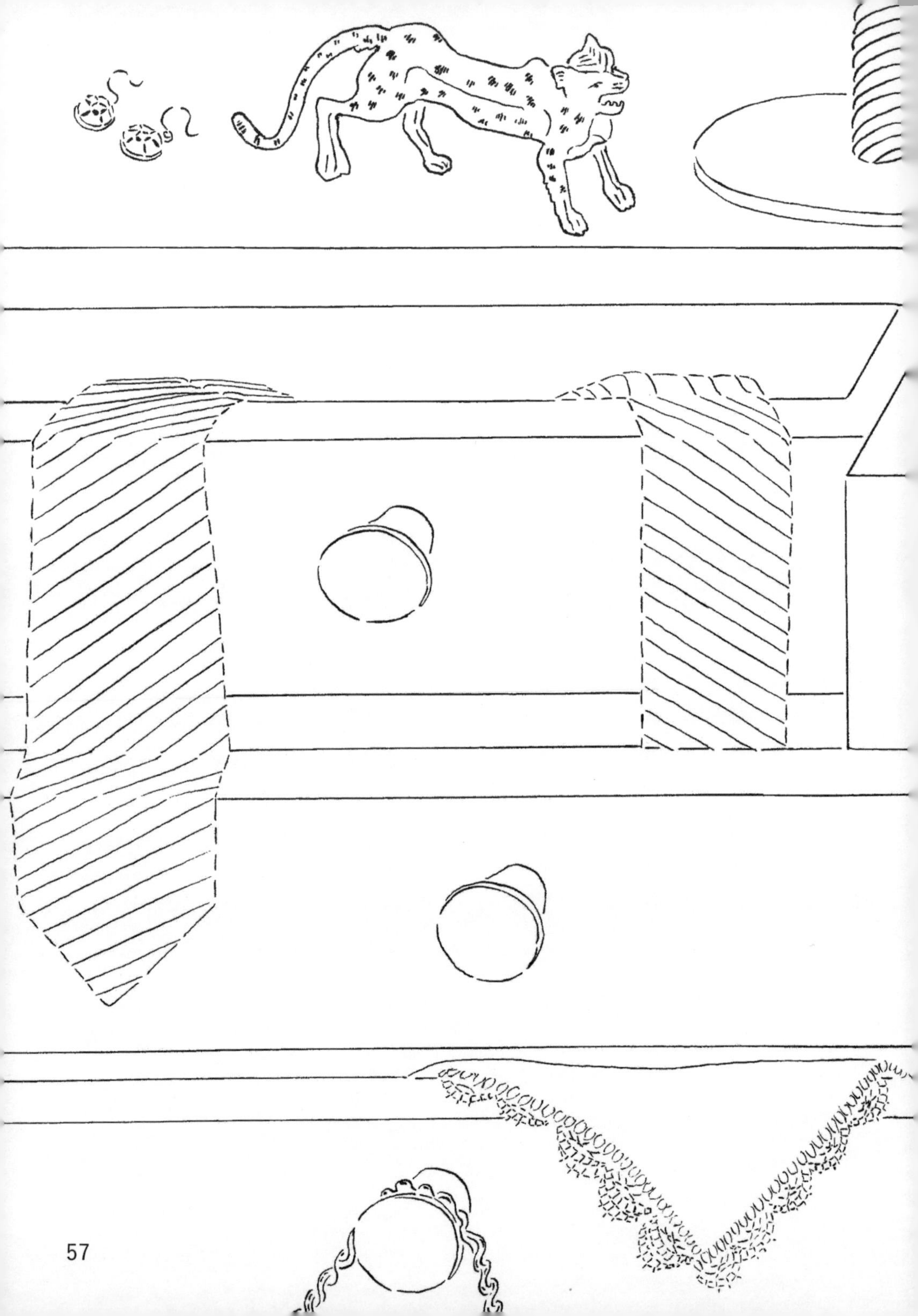

15 距離感

人との距離が近い人に、私は憧れている。私のまわりには、そういうタイプの人がわりとたくさんいて、彼ら彼女らは、いつだってあれこれ深く考えずにぐいっと距離を縮めてくる。そのたびに私は妙にドギマギしてしまい、そのうえなんだか嬉しくなって、コロリと好きになってしまう。そして、「ああ、こういう人って、モテるんだろうなあ」とぼんやり思う。距離といってもいろいろあって、物理的な距離もあれば、心の距離もある。そういうことを自然にできる人に、私はちょっぴり嫉妬のような気持ちを抱きつつ、やっぱり憧れずにはいられないのだ。

私自身の〝人との距離を縮める能力〟がピークだったのは、小学校に上がる前ぐらいだ。公園やスーパーの遊び場で同世代の子どもを見つけると、私は毎回ぐいぐいと距離を縮めていった。「わたし、あきこっていうの。あなたはおなまえなんていうの？」と何の躊躇《ちゅうちょ》もなくさらりとナンパし、母が迎えに来る頃には手を繋いで一緒に走り回るほどに仲良しになっていた。しかし、そんな能力が使えたのも小学校の低学年くらいまでのこと。それ以降は成長とともに照れ屋な部分がむくむくと膨らみ、気づけば自分から距離を縮めるのがニガテになっていた。

学生時代、私のまわりの女の子たちは、いつもやたらと距離が近かった。私の背が高かったというのもあるのかもしれないのだけど、小柄な友だちはいつも私の腕にぶら下がってきた。照れくさいようなくすぐったいような気持ち、ほんのちょっとの煩わしさ、そして本当は私もぶら下がる側になりたいのになという微かな羨望、いろんな感情がごちゃまぜになって、でもやっぱりなんとなく嬉しかった。そういう子たちは、すぐに人を下の名前で呼ぶし、すぐにニックネームをつけてくる。「さんづけ禁止〜！」と笑顔で腕を組みながら言ってくれる彼女たちの軽やかさに、私はいつも助けられていた。

そうなのだ。私は人を下の名前で呼んだり、ニックネームで呼んだりするのが、実はあまり得意ではない。嫌なわけじゃなく、むしろ呼びたいのだけど、タイミングがわからないし恥ずかしい。大人になってよく思うのは、「人の呼び方をカジュアルダウンするのって難しい」ってことだ。しかし、そういうことをさらりとやってのける人もたくさんいる。今まで「菊池さん」とか「あっこさん」と呼んでいた人が、ある日突然「あっちゃん」とか「あっこ」みたいな親密な感じで呼んでくれると、私は平静を装いつつ、嬉しくて舞い上がりそうになってしまう。しかし私には、これがなかなかできない。知り合ったときからニックネームの人ならいいのだけど、仕事で知り合って〝さんづけ〟が定着し、その後仲良くなっていった場合、もっとラフな呼び方で呼びたいのに切り替えるタイミングが掴めない。距離を縮める最大のチャンスは出会った瞬間だ（幼少期の経験より）。例えば、私のマネージャーはワタナベさんというのだけど、担当になったばかりの頃、私は思い切って「身近な人たちからは何て呼ばれているんですか」と尋ねた。「ナベさんと呼ばれているよ」と彼は教えてくれたのだけど、結局私は「ナベさん」と呼べないまま今に至っている。本当はそう呼びたいのに呼べない。そういう人が、私には何人もいる。こういうときに私がよく使う手段はメールだ。まずはメールで距離を縮める作戦。これには勢いが必要で、嬉しいことや楽しい用事のときがチャンスだ。内容のテンションの高さにまぎれて「〇〇ちゃーん！」みたいな感じで、今まで呼んだこともないクセに一気に親密な呼び名で呼んでみるのだ。ここまでなら私でもなんとかできる。しかし問題はその後。実際に会っ

たときに、ヘタレな私は結局いつもの〝さんづけ〟に戻ってしまうのだった。「あ～あ、今日もまたダメだった」と落ち込みながら、私は某元アイドルグループのKさんのことを思い出す。彼は共演した女優さんのことをすぐに下の名前で呼ぶ。しかも呼び捨てで。自分が呼ばれたわけでもないのに、私はいつもドキッとしてしまう。距離を縮めるのがお上手だなあと、いつも思う。

これはもう、持って生まれた天性の素質なのだと思う。そして、その素質が残念ながら私にはないのだ。呼び捨てで呼ばれて過剰にニヤニヤしたり、隣に座られただけでドキドキしたり。かと思えば突然ハグを求めて相手に戸惑われたり。人との距離感が掴めない私は今日もまた、家で犬猫をぎゅうぎゅうと抱きしめながらひとり悶々と反省会をしている。

16　仲直りの方法

大人になってから友だちとケンカをしたことが、私はあまりない。基本的に内弁慶なので、家族とはしょっちゅうケンカやら言い合いをするけれど、友だちとの間でケンカをするなんてことはほぼない。一方、夫は私よりも年上だけど、しょっちゅう友人と子どもみたいなケンカをしている。だけど気がつけばいつの間にやら仲直りをしていることが多く「こないだアイツと飲みに行ってさあ」と嬉しそうに話してきたりして、こっちが拍子抜けすることがよくある。ケンカするほどなんとやらで、なんだかそういう関係が羨ましかったりもする。

だからといって、私自身が人に対して寛容でおおらかな人間であるかといえばまったくそんなことはなく、「なんだか嫌だな」「もう話したくないっ！」って思うことだってもちろんある。だけど、そういうケンカの種みたいなものが心の中で燃え上がるときって、大抵相手との間に火種になる〝何か〟があるときで、その問題が解決してしまえば、相手に対するメラメラした感情もきれいさっぱり鎮火してしまうことが多い。相手に対するマイナスの感情も、プラスの部分に触れた途端あっさりリセットされてしまう。だけどそれは、マイナスの度合いにもよるのかもしれない。

私はこれまでの人生で誰かと〝絶交〟したり、絶縁状態になったことはない。だけど私のまわりには、そういう状態になっている人たちが時々いる。これは、たまたま私にはそういった〝絶交〟のきっかけになるような大きな事件が起こってこなかったというだけで、何か大きな事件が起これば私だってそういう状態になることはあるのかもしれない。だけど、できることなら一度仲良くなった人とは末永く縁が続いてほしいものだ。

中学生の頃、なぜだか多くの女子たちから煙たがられている女の子がいた。小柄だけど態度は大きくて、ちょっと見栄っ張りで、例えるなら女子版のスネ夫みたいなタイプの子だったのだけど、私は彼女のことが嫌いじゃなかった。趣味も合うし、ノッポのクセにちょっとどんくさい私のことを「しょうがないなあ」といつも助けてくれた。とはいっても、私が彼女と常にべったりだったかといえばそんなこともなく、私が別のグループの子たちといるときは、彼女は私のそばには来ず、彼女と遊ぶときはいつも決まってふたりだった。グループの子たちは私によく〝彼女が嫌われている理由〟を話してきた。それは主に小学生のときの話で、彼女がいかに〝イヤな子〟で〝イジワル〟だったかという内容だった。その話に登場する彼女は確かに相当イジワルだった。だけど、それでも私は彼女のことを嫌いにはならなかった。どちらにもいい顔をしたかったとか、そういうわけではなく、ただ単純に私自身に彼女を嫌いになる理由がなかったからだ。彼女の悪い噂を聞いてもなお仲良くし続ける私に、友人たちはいつも不可解な顔をしていた。最近テレビやらインターネットやらで〝炎上〟という言葉をよく聞くけれど、当事者じゃない人たちが一方的に加担して炎を大きくするあの感じが、私はもともとちょっとニガテだったのかもしれない。

今、私のまわりには、絶縁状態になっている友だちが一組いる。特別大ゲンカしたというわけではなく、一方的に片方が相手を許せなくなっている状況で、もうかれこれ何年もその状態が続いている。炎の持ち主の言い分もよくわかるけれど、その炎を一緒に燃やそうとは思わないので、結局私は両方とバラバラで仲良くしている。時々、それぞれの前でそれぞれの話題をポロッと口にしたりしてみるのだけど、どちらも無表

情。私はいわば絶縁体のようなものだ。でも実はもう炎は燻《くすぶ》っているような状態で、ちょろりと水をかければジュッと消えてしまうのではないかとも思う。私が無理矢理間に入って仲直りさせようなんておせっかいを焼くつもりはないけれど、私にとってふたりはこれからもずっと大好きな友だちなのだ。

今、私の胸には小さな希望の光が見えている。実は私たち夫婦は籍を入れただけで結婚式をまだ挙げておらず、今年あたりやれたらいいなとぼんやり考えているのだけど、そうなったら当然ふたりとも招待するに決まっている。燻っていた炎がジュッと消えることを、私は密かに願っている。

17 ナンパ

これまでの人生で、私は2回ナンパをされたことがある。いやでもしかし。思い返してみれば、あれはそもそもナンパだったのだろうか。どちらも、「ねえ彼女、お茶しない？」といった類いのものではまったくなかった。

一度目のナンパは、渋谷のスクランブル交差点で。ある日交差点を渡っていた私は、向こうから渡ってくるひとりの男の子に目が釘付けになった。彼のほうも私に目が釘付けになっていて、すれ違いながらスローモーションで見つめ合った。お互い声をかけずにはいられない感じで、結局彼のほうが「あのっ」と口を開いた。そのままひとまず交差点を渡りきり、なんとも言えない顔でしばし見つめ合う。私たちふたりは、そっくりだったのだ、顔が。それはもう怖いぐらいに同じ顔をしていて、「えっと、親戚……？じゃないですよね」みたいな感じで、そっくりな顔をしたふたりがお互いの顔を見つめていた。もちろん自分と同じ顔をした相手にトキメクなんてことはなく、「世の中には自分そっくりな人が3人いるっていうけど、確実にそのひとりですね」みたいな話をして、また会うことはないだろうけど達者でね、みたいな感じでお互い手を振って別れた。

二度目のナンパの相手は女の子だった。背が高くショートカットで、おしゃれにはまったく興味がなさそうな雰囲気の美人だった。彼女は突然私に「スポーツ興味ありますか」と声をかけてきた。彼女はサチコ（仮）と名乗り、毎週体育館で仲間たちとスポーツをやっているから、もしよかったら参加しないかと私を誘った。

私はサチコのまっすぐな眼差しから目が逸らせなくなり、気がついたら連絡先を教えていた。偶然にもサチコは私と同い年で、身長もほぼ同じ。お互い他人とは思えない感じがした。その後、サチコから本当にスポーツのお誘いが来た。いつもの私だったら知らない人たちの集まりに参加するなんてことはまずないのだけど、なぜだか私は誘われるがままに、その〝スポーツ〟とやらに参加した。このことを友だちに話すと、みんな「え？　大丈夫？　怪しくない？」と心配するのだけど、サチコの言う〝スポーツ〟は、その名の通り純粋にスポーツ（バレーボール）を楽しむというものであった。集まっている人たちはとても真面目そうな人ばかり。みんなものすごく熱心に活動していたけれど、スポーツに特別興味があったわけではなかった私は、あまり入り込めなかった。だけどサチコとふたりでは、よく会ってお茶をした。当時私たちは22歳ぐらいだったと思う。私はモデルだけでなくお芝居や文章の仕事を少しずつ始めていた時期で、サチコは確か派遣の仕事をしながら別の職種を目指していて、お互い仕事の話や将来の夢のことをあれこれ話した。サチコといると、なんだか背筋が伸びて自分の中のいい部分が引き出されるような気がした。あるとき私は、サチコは私の話の話を振った。サチコも私もその頃恋人はいなかったのだけど、私には気になる人がいて、サチコに恋を真剣に聞いてくれた。だけど、一方でどこか恋愛に否定的な空気を放っているようにも思えた。「サチコは好きな人とかいないの？」という私の問いかけに対し、彼女はこう言ったのだ。「自分がまだちゃんとしてないのに、恋なんて考えられない」と。サチコのその言葉に、私は後ろめたいような申し訳ないような気持ちになった。正直なところ、私は〝ちゃんとしていないと恋をしちゃいけない〟なんて1ミリも思わなかったし、自分が未完成でも人を好きになることはあると思っていた。だけど、サチコはそうは思わないようだった。「アッコは恋人なんかいなくても、十分素敵だと思うよ」とサチコは言った。それが原因というわけではないけれど、その後サチコと私はだんだんと会う頻度が減っていった。

サチコは私のことを買い被っていたような気がする。そして私は、背が高くても常に背筋がピンと伸びているサチコに合わせて、自分も背筋を伸ばそうと無理していたのかもしれない。私は実際猫背気味なところがあるのだ、見た目も中身も。サチコのことをふと思い出すとき、友だちってなんだろうな、と思う。仲のいい友だちっていうのは、いろいろな部分が〝合う〟から会いたいと思うわけで、〝合う〟ってことはラクチンってことだ。人づきあいも、おしゃれも、生き方も、ラクチンってとても大事。なんだか年々そんな風になってきているけれど、突然のナンパで出会った少々ラクチンではない彼女のことが、私はとても好きだった。何ごとにも真面目に取り組む彼女のことを尊敬していたし、少し心配もしていた。連絡先が消えてしまった今、共通の友だちもいない彼女とはもはや会う術がない。だけどもし、いつかどこかで彼女を見つけたら、今度は私が彼女をナンパしようと思っている。今だったら、きっとあの頃よりもラクチンなふたりになれるような気がするから。

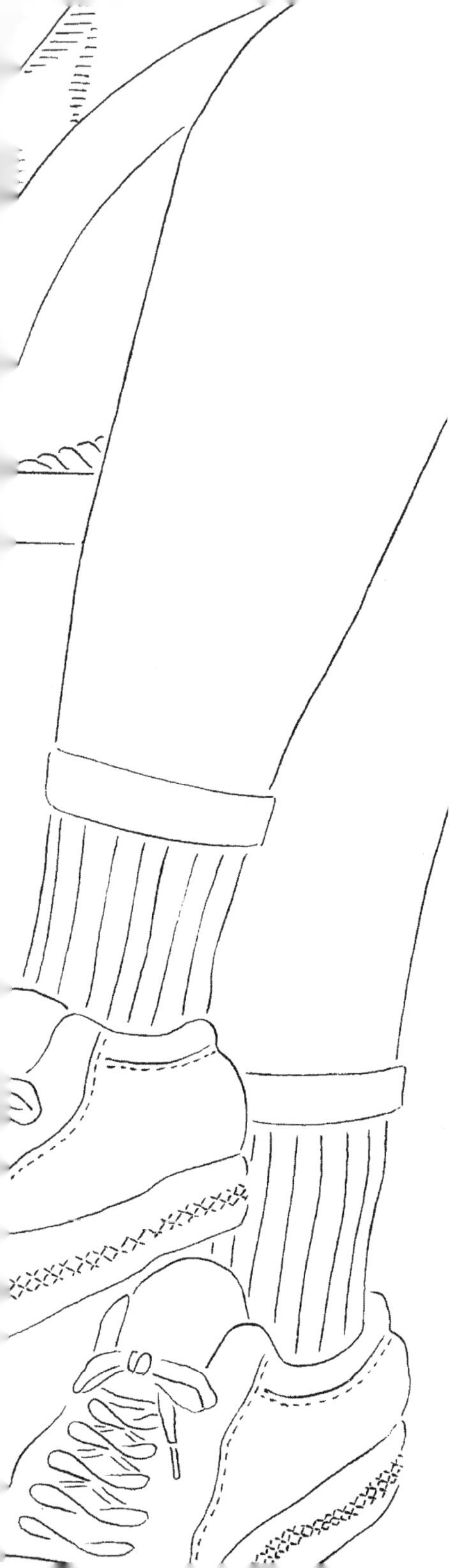

18　3人になった日

ちびまる子ちゃんの単行本3巻に掲載されている、『ひとりになった日』というエッセイ漫画をご存知だろうか。就職を機に故郷を離れ、東京でひとり暮らしをすることになったももこと、娘の身を案ずる母親の、ちょっぴり切ない物語だ。引っ越しを手伝うために一緒に上京した母親が「明日から、ももこがそばにいなくなると……お母さんどうしよう」と本音を漏らすシーンは、何度読んでも胸がぎゅうっとなる。母が静岡へ帰る日、ももこは母が止めるのも聞かず東京駅まで見送ると言い張る。東京駅に着き、いよいよ別れが近くなると、「こんどはお母さんが階段のところまで一緒に行くから」と、涙ながらに娘を送り出す母。

「わたしはきょうからひとりになりました　家に帰っても　もうだれもいません」というフレーズは、故郷を離れたことがある人ならば、きっと胸に染みることだろう。私自身、20歳で上京したときまったく同じ経験をしたことがあるので、読むたびに感情移入してしまう。

幼い頃から今もなお、私にとって母は何ものにも替え難い大切な存在なのだけど、2017年はより一層〝母〟という存在の大きさを強く感じた1年だった。

ちょうど1年前の今頃。私のお腹に小さないのちがやってきた。そこに至るまでの道のりは簡単ではなかったので、嬉しいという感情よりも不安な気持ちのほうが強かった。母は、毎日私の体調を案ずる電話をくれた。まだお腹が膨らみ始める前だっただろうか、私は原因不明の高熱を出した。薬も飲めず、ひたすら生姜湯を飲むものの、熱は上がる一方。夫が付きっきりで看病をしてくれているにもかかわらず、私はなぜだかとても心細くて、寂しくて、とにかく母が恋しかった。熱にうなされ朦朧とする意識の中で、私はとなりのトトロの『さんぽ』を口ずさみながら泣いた。幼い頃、高熱を出して病院に行った帰りに母がオルゴールを買ってくれたのだけど、そのオルゴールの曲が『さんぽ』だったのだ。私のお腹には小さないのちが育っていて、もうしばらくしたら私はお母さんになる。それなのに、いや、それだからなのか、私はお母さんになるどころか幼い少女に戻ってしまったみたいで、布団の中で「お母さん……」と声に出して呼んでいた。そしたらもっと涙が出た。

実家からわが家まで4時間弱。決して近いとはいえない道のりを、母はちょこちょこと何度もやってきた。母がいるととても心強くて嬉しくて、だからその分、母が帰る日はいつだって寂しかった。私はいつまで経っても〝母〟になるということにリアリティが持てず、だけど私の中で〝イコちゃん(かわいこちゃんの略。とりあえず、そう呼んでいた)〟はどんどん大きくなっていった。

秋の終わり頃、イコは東京で無事に生まれた。母は地元で仕事をしているため、長期間休むことができなかったのだけど、職場に無理をいって数日まとめて休みをもらい手伝いに来てくれた。朝早くから洗濯機を回し、台所にこもってせっせと料理をし、イコが泣いたらひょいと抱き上げ変な歌をうたう。その懐かしい歌声を聞きながら、私は昼寝させてもらったりした。

イコはとにかくよく泣いた。私はイコの泣き声になかなか慣れることができず、いつもどこかビクビクしていて、だから余計にイコは泣いた。母や夫が抱き上げると自分よりも早く泣きやむような気がして、落ち込んだりもした。それでも、少しずつ少しずつ慣れていき、いつの間にやら母と同じあやし方をしている自分がいた。

そうこうしているうちに、あっという間に母が帰る日がやってきた。母はさくさくと荷造りをし、「見送りはいいからね！」と明るく玄関を出ようとしていた。イコとふたり家に残されるのが耐えられなかった私は、打ち合わせに行くという夫を捕まえて「お母さんを駅まで送っていくから車だして！」と頼んだ。「駅まで歩くから、いいのに」と言う母を無視して、私はイコを抱えて車に乗り込んだ。駅に到着するも、後ろから車が来ていたので、母を降ろしたあと車はすぐに発進した。絶対に泣かないと思っていたけど無理だった。困ったような笑顔で手を振る母がどんどん小さくなっていく姿を見ながら、私は声を上げておんおん泣いた。イコも後ろでぎゃんぎゃん泣いていた。

夫は私とイコを家に送ってから打ち合わせに向かうつもりだったようだけど、泣きすぎて空っぽの目をした私が心配だったようで、「急いで終わらせるから、一緒に行って車で待ってるか？」と言った。イコには申し訳なかったけど、そうすることにした。打ち合わせ場所の高円寺に着く頃にはとっぷり日が暮れていた。「何かあったらすぐに電話して！」と言い、夫は打ち合わせへと走っていった。イコとふたりきり。気づけばいつの間にやら泣きやんで、すやすやと健やかな寝息を立てていた。それから夫が戻るまでの間、イコは一度も泣かなかった。車の後部座席でイコの寝息を聞きながらウトウトしかけた頃、前方から夫がこちらに向かって走ってくる姿が見えた。息を切らしながら車に乗り込み、「さ、急いで家に帰ろう」と車を走らせる。車窓を流れる街の灯りをぼんやり眺めながら、私はこの高円寺の夜の光をずっと忘れないだろうなと感じていた。私たちは3人になった。家に帰ってもお母さんはいない。だけど3人いる。それから2匹もいる。冷蔵庫にはお母さんの作った煮豆がたっぷりある。だからきっと大丈夫。そう思ったら、少しだけ心が軽くなった。

19 トンネルの中

子どもが生まれてから3か月がたった。「3か月を越えるとラクになるよ」と、まわりの先輩方が口を揃えて言うものだから、私はそれを励みに日々を積み重ねてきた。正直なところ、噂に聞いていた〝マタニティブルー〟ってやつが自分の身に襲いかかるなんて、思ってもみなかった。大抵の憂鬱は一晩ぐっすり眠れば消えてしまう楽天的な人間だとばかり思っていたのだ。だけど、イコ坊（娘のあだ名。かわいこちゃんが転じて、こうなった）が生まれて以来、ぐっすり眠れることなんて当たり前だけどないわけで、人間というものは眠れないと精神が崩壊するのだと初めて知った。

産後1か月のことは、もうあまり覚えていない。ただ、とにかく眠たくて、わけもわからず涙が出るし、イコ坊を見ても心の底から〝愛おしい〟という感情が湧いてこないし、そんな自分がとにかく嫌だった。体にも心にも力が入らず、なんだか常にヨロヨロでヘトヘトでぐちゃぐちゃだった。手伝いに来てくれていた母も帰ってしまい、一体これから先どうやって生きてゆけばいいのだろうかと途方に暮れた。出口の見えない真っ暗なトンネルの中に取り残されたような気分だった。私はイコ坊の世話で精一杯で、全ての家事を放棄している状況だった。ありがたいことに、夫は家事を一生懸命こなしてくれたし、母が作り置きしてくれた煮豆の味を再現してくれたりした。だけど、そんな状況を素直に喜ぶことが、なぜだかできなかった。「今はできなくて当たり前！」と、みんなやさしく言ってくれるけど、それって逆に言えば、〝いつかはできるようになる〟ってことで、私にはそれがプレッシャーだった。いつかできるようになる気が、まったくしなかった。暗いトンネルはずっと暗いままで、光なんて1ミリも見えなかった。

そんな状況を変える事件が大みそかに起こった。イコ坊を寝かしつけたあと、夫婦ふたりで紅白を見ながらインスタントのお蕎麦をすすっていたときだった。夫が突然ぶるぶると震え出し、「寒い、ゾクゾクする」と言い出した。部屋の中でダウンを着て蕎麦をすすりながら震える夫。嫌な予感がした。その後、救急病院へ行った夫から「インフルエンザでした……」と電話がかかってきた瞬間、私の中でずっと切れていたスイッチが〝ぱちん!〟と入った。部屋の真ん中で携帯片手に立ち尽くしながら、やらなければならないことを一気に頭の中に書き出した。まず母に電話をし、イコ坊を連れて岐阜に帰ることを告げた。布団を担いで夫の隔離部屋を用意し、お正月休みにゆっくりやろうと思っていた原稿を物凄い勢いで書き上げ、イコ坊の身のまわりのものを段ボールに詰め、朝起きたイコ坊を抱っこして段ボールを担いでコンビニまで発送に行き、スーパーで夫用の食糧をどっさり買い込んで帰宅。今までニガテ意識があって敬遠していた新幹線のネット予約システムを素早く導入し無事に席を確保した。インフルエンザの夫を残して実家に避難するなんて薄情すぎると思ったけれど、イコ坊や私にうつったらそれこそ悲惨なので、やむを得なかった。「俺のことはいいから……」という夫の声をドア越しに聞きながら、「ほんとにごめんね!」とスポーツドリンクを部屋の前にどどんと置き、イコ坊とリュックを担いで私は家を出た。それが2018年の始まりだった。

赤ちゃん連れの初めての新幹線。泣いたらどうしようとドキドキしながらも、隣が空席だったのでこっそり授乳したりして、なんとか名古屋まで持たせることができた。実家に着き、母が作った温かいごはんを食べ、イコ坊と一緒にお風呂に入り、安心して眠りについたその日の夜、今度は私がインフルエンザを発症したのだった。

幸い私は予防接種を打っていたので症状は軽めだったのだけど、それでもやはり大変だった。イコ坊は父と母の間で川の字になって寝てもらい、私は別室でせっせと搾乳をして母に託した。熱が下がっても鼻水が止まらなかったので、ティッシュを鼻に詰め、さらにマスクをし、手を除菌して授乳をした。とにかく必死だった。すっかり具合がよくなった頃にはお正月休みも終わり、両親の仕事始めと同時に私も東京へ戻ることに。母が名古屋駅のホームまで送ってくれた。東京で見送ったときみたいに、また私が泣くんじゃないかと母は心配そうな顔をしていたけれど、私は泣かなかった。イコ坊を抱っこし笑顔で母に手を振ることができた。席につき、母が握ってくれた特大おむすびを食べていたらイコ坊がぐずり始めたので、事前に調べておいた〝多目的室〟へ移動。ちょうど同じタイミングで赤ちゃん連れのお母さんが来たので、一緒に使うことにした。小さな個室で向かい合って授乳しながら「何か月ですか」なんて世間話をしていたら、「なんだか私、〝おかあさん〟できてる」とじわじわ嬉しくなった。この日は雲ひとつない快晴で、多目的室の小さな窓から富士山がくっきり見えた。トンネルをいくつも抜けて新幹線は東京へと向かう。私はこの日ようやく〝産後の憂鬱〟という暗いトンネルの先にある光を見つけられたような気がした。夫のインフルエンザをきっかけに、私は一気にいろんなことができるようになって、確実にレベルアップした。〝できた〟ことが自信になって、なんだか少し強くなれた。これから先、トンネルはいくつも待っているだろうし、そのたびに出口が見えないことに不安になるだろうけれど、その先に待っている景色は明るいはず。そう思えていることが嬉しくて、たまたま居合わせた見知らぬお母さんに、やたらと喋りかけてしまったのだった。

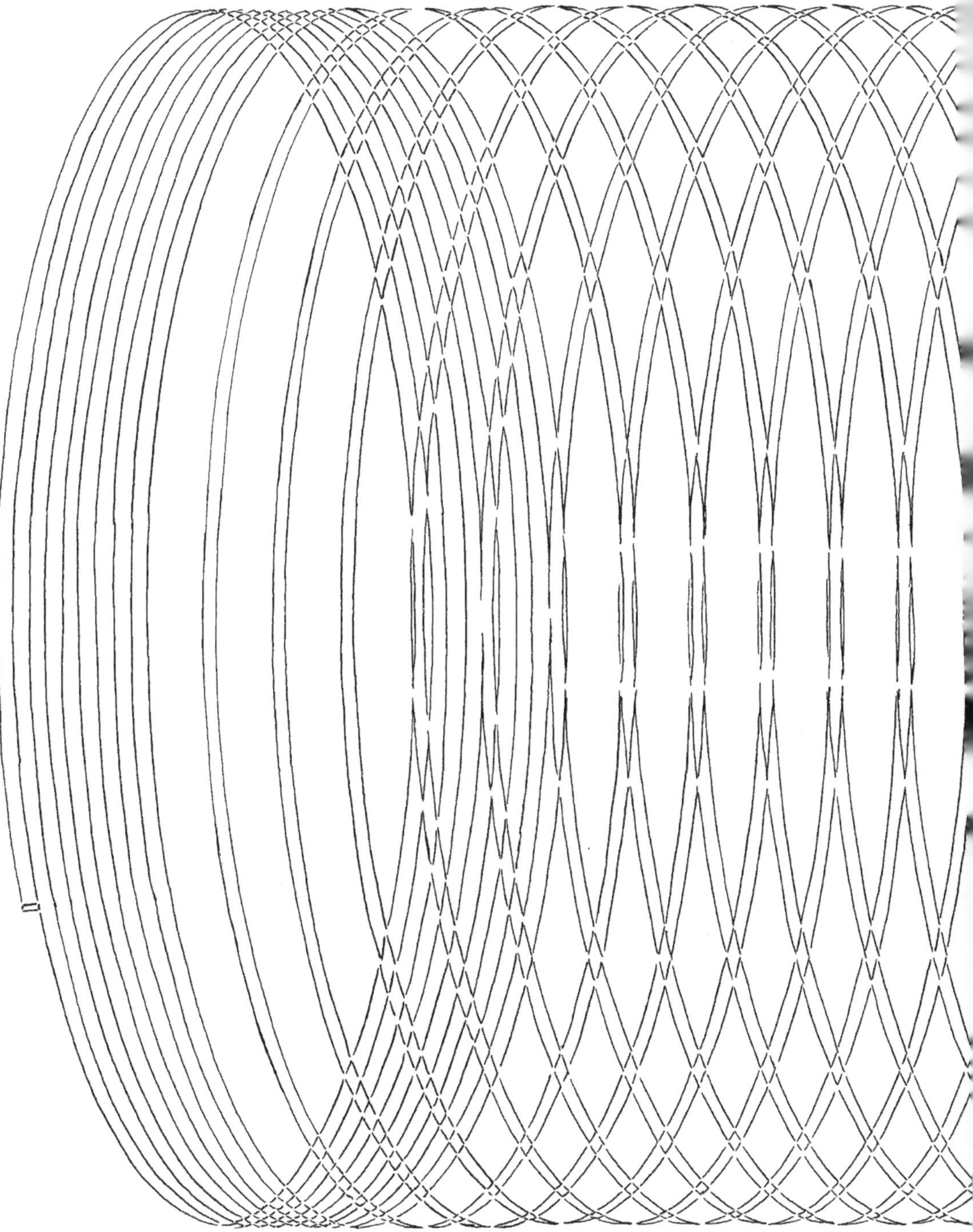

20 ジレンマ

今私は、鼻にティッシュを詰めてこの原稿を書いている。2日前から突然くしゃみと鼻水が止まらなくなったのだ。「それ、どう見ても花粉症だよね」とニヤニヤしながら言ってくる夫に対し「そんなはずはない！」と言い返しながらも、戸惑いを隠せない私。室内のほうが症状が酷いことに気づき、「これって花粉じゃなくてハウスダストか、まさかの猫アレルギーなのではないか」と焦った。あれこれ検索してみたところ、〝産後はホルモンバランスの乱れによりアレルギーを発症しやすくなる〟らしい。この1年、私は不調を感じるたびに検索魔になっていたのだけど、妊娠・出産を機に起こるあらゆる不調は、大抵ホルモンのせいなのだった。そう言われてしまったらもう為す術もなく、「ハイ、ワカリマシタ」と受け入れ、乱れたホルモンと付き合っていくしかなかった。そうは言っても愛猫マロとはもう何年も生活を共にしているのだし、産後とはいえ急に猫アレルギーになるなんてことはそうそうなかろうと言い聞かせ、すり寄ってくるマロをくしゃみしながら抱きしめた。大好きなのに、アレルギーのせいで抱きしめられなくなるなんて、つらすぎる。

産後、体調や環境の変化により、こういったジレンマを感じることが増えた。最近私は、サードウェーブ系のコーヒー店に通い詰めているのだけど、それには理由がある。元来へそまがりな私は、これまでその手のカフェに苦手意識を持っていたのだけど、そういうカフェは大抵どこも禁煙で、ベビーカーでも入りやすく、スタッフの方々も親切で、適度にザワザワしていて、赤ちゃん連れでも行きやすいということに気づいてしまったのだ。本当は通い慣れた喫茶店に行きたいし、大好きなマスターに会いたい。だけどタバコの煙は気になる。行きたい場所が行きづらい場所になってしまうというジレンマ。喫茶店通いが生活の一部だった私にとって、それは由々しき問題だった。

〝おしゃれ〟に関してもそうだ。私はおしゃれをすることが大好きだけど、おしゃれは心と体が健やかでないと楽しめない。そんな当たり前のことを、妊娠をきっかけに思い知った。イコ坊がお腹にやってきたのは寒い寒い冬のこと。病院に通った末の妊娠だったので、かなり早い段階で知ることとなった。病院に通い始めたとき私はたまたまナイキのエアマックスを履いていたので、それ以来なんとなく毎日エアマックスを履いた。願掛けのようにエアマックスを履き続けた結果、他の靴を履くのが怖くなってしまったのだ。エアマックスのエアーは足を冷えから守ってくれる強い味方のようにさえ思えた。おしゃれをしたいという気持ちよりも、ただただとにかく無事に生まれてくれることを祈る日々だった。

それでも週数が進むにつれ、少しずつおしゃれ心を取り戻していった私は、散歩と称してウインドーショッピングに繰り出した。かわいいヴィンテージのスカートを発見し、大きなお腹ではもちろん試着なんてできないのだけど、産後の楽しみとして購入し、骨盤矯正ベルトも張り切って購入、出産を終えたらおしゃれを思い切り楽しもうと思っていた。ところがどっこい。出産は当たり前だけどゴールではなくて始まりなわけで、わけもわからぬままお乳をあげ、オムツを替え、抱っこしての繰り返し。おしゃれをする余裕なんてどこにもなかった。体は常に疲れていて、とてもじゃないけど体を締め付けて骨盤を矯正する気になんてなれず、用意しておいたベルトはそっとタンスの奥にしまった。

おしゃれはしたい。だけどおしゃれをするには体力がいる。体力はイコ坊のために温存したい。相反する気持ちを抱え、一体何を着たらいいのだろうかと悩んだ揚げ句、私はメンズのカシミアセーターを購入した。

ゆったりサイズ&いい素材の服は、体力を消耗しないということに気がついたのだ。それからというもの、私はクローゼットに並ぶ他の洋服たちと目を合わさないようにしながら、そのセーターを着続けた。当然のことながら、セーターはみるみる毛玉だらけになっていった。一ミリもおしゃれをせず、毛玉だらけのセーターを着て疲れた顔をした私を見かねた夫が「イコ坊は見てるから、数時間出掛けておいでよ」と言ってくれた。ぴったり一緒にいたイコ坊と離れるということに抵抗があったけど、「大丈夫だから行っておいで」と背中を押され、思い切って出掛けることにした。ヴィンテージのスカートをはき（ウエストはぎゅうぎゅうだったけど、どうしてもはきたかった）、肩が凝るからと敬遠していたお気に入りの重たいコートを着て、私は行きつけの喫茶店へと走った。コートは重いけど、体は羽が生えたみたいに軽かった。その軽さが少し心細くもあった。久しぶりの来店をマスターはとても喜んでくれた。風の噂でイコ坊の誕生を知ってくれていて、「午前中ならお客さんも少ないから分煙にできるし、今度はぜひ連れてきなね」と言ってくれた。

毛玉だらけのセーターも、とっておきのヴィンテージのスカートも。イマドキのカフェも、喫茶店も。今の私にとってはどちらも大切な存在だ。どちらかを選ばなくたっていいのだと思ったら、なんだか一気に視界が広がって、心なしか鼻もスッキリしたような気がした（これは多分気のせい）。もしも万が一、私が猫アレルギーだったとしても、きっとうまく共存できるはず。イコ坊をおんぶして、せっせと掃除機をかけながら、私は明日着る服をワクワク考えている。

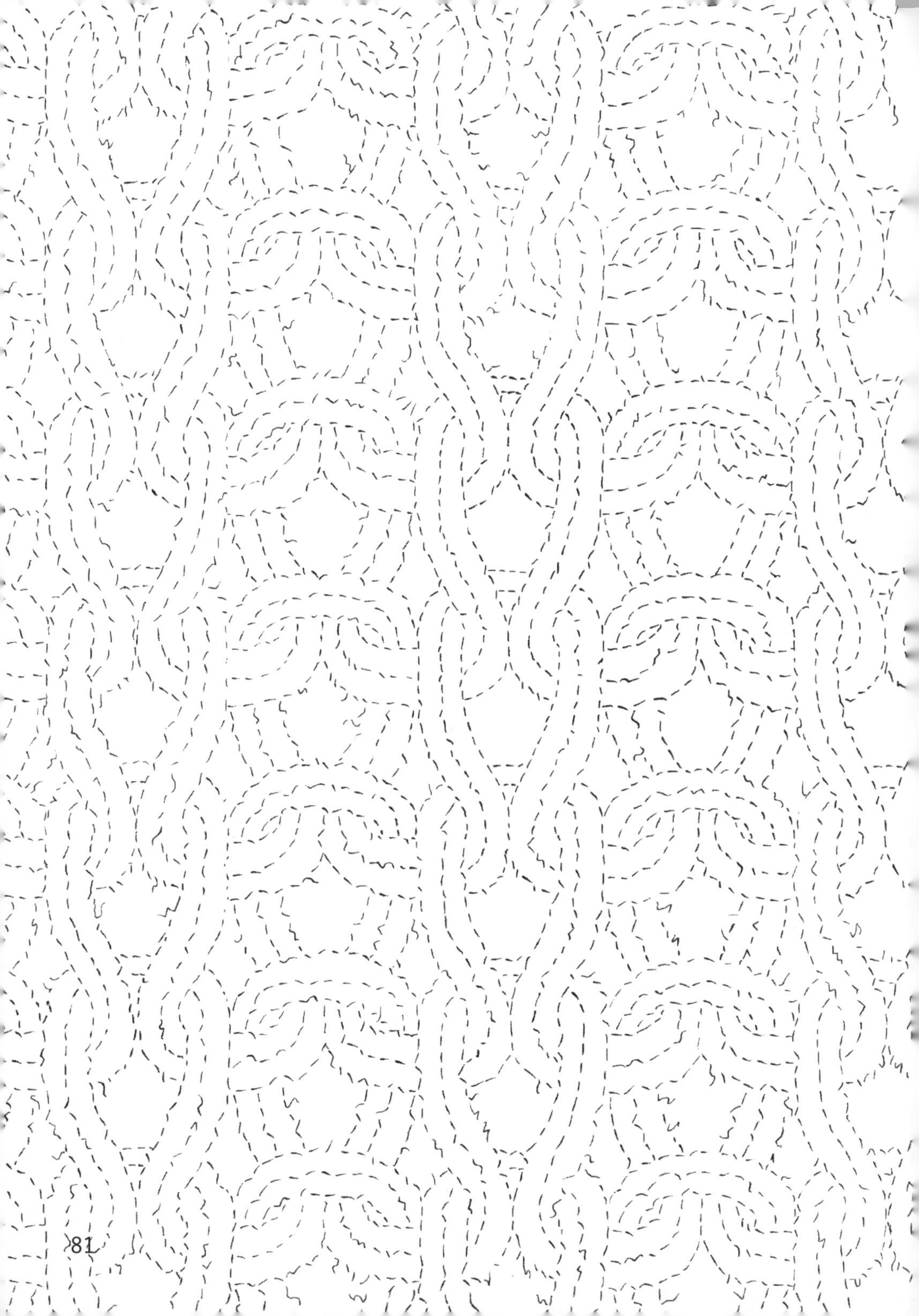

21 きみの好きなもの

小学6年生のとき、隣のクラスに好きな男の子がいた。彼は女子とはあまり話さない硬派な感じの少年だった。彼のことを知りたかったけれど話す機会はあまりなく、バスケットボールが好きだということぐらいしか知らなかった。ある日の放課後、隣のクラスで委員会の集まりがあり、私は誰にも勘づかれないようにさりげなく彼の席に座った。ドキドキしながらそっと引き出しに目をやると、チラリと落書きだらけの下敷きが見えた。そこにはマジックで〝UNICORN〟と書いてあった。ユニコーンのことを詳しく知らなかった私は、早速スーパーの片隅にある、町で唯一の小さなレンタルショップへユニコーンのCDを借りに行った。レジでお会計をしていると、なんとそこに偶然彼がやってきた。「よく来るの？」と話しかけてくる彼に適当に返事をしながら、私は借りたCDを隠すように抱きかかえ、逃げるようにその場を去った。好きな人の好きなものを知ることは、とても嬉しくて恥ずかしいことだった。

オトナになって、〝好きな人の好きなもの〟を知る喜びは、少しずつ薄れてきてしまったような気がする。私自身に好きなものがありすぎて、相手の好きなものまで気が回らないというのが正直なところかもしれない。恋愛話でよく、「好きなものが同じだと一緒にいて楽しい」という意見を耳にする。そりゃあもちろん楽しいだろうけど、私はあまりそれが重要だとは思わない。それぞれがそれぞれに好きなものを抱えていて、時々チラ見せするぐらいでちょうどいいと思っている。ちなみにわが家の場合、競馬と歴史好きな夫とハロプロ好きな私がお互いの好きなものの話をする場合、どこまでも平行線で交わらないけれど、好きなものへの気持ちはひたすらポジティブなものなので、例え理解できなかったとしてもその場の空気はいたって和やかであり、特に問題はないのだ。それよりも、むしろ嫌いなもの（こと）が一致していることのほうが大事なような気がする。それは例えばわが家の場合、〝残虐なシーンのある映画〟や、〝店員さんへのタメ口〟〝異性をオトコ、オンナ呼ばわりすること〟〝下ネタ〟などいろいろあるのだけど、「イヤだなあ」と思う気持ちを大事なひとと共有できないのは結構辛い。〝好きなもの〟を知ることよりも、〝嫌いなもの（こと）〟を理解したり共有したりすることのほうが、一緒に生きていくうえでは案外重要なことだ。そう思う気持ちに嘘はないのだけど、それでもやっぱり相手の好きなものを自分も同じくらい好きになれたなら、それはそれできっと楽しいのだろうなあとも思う。

あれはまだ、私が結婚する前だっただろうか。小学校の同窓会があり、初恋の彼と久しぶりに再会した。ユニコーン好きだった彼は、結婚してパパになっていた。ポケットから何か黄色いものがぶら下がっていて、気になって見ると、それは〝スポンジ・ボブ（アメリカのアニメキャラクター）〟のキーホルダーだった。私の視線に気づいた彼は、満面の笑みで「これ、うちの子が大好きなんだ」と教えてくれた。物凄く嬉しそうな顔で〝スポンジ・ボブ〟についてあれこれ教えてくれる彼。あの頃、知りたくて知りたくてたまらなかった彼の好きなものを、こんな風に本人から聞くことになるとは、当時の私は想像もしなかった。「へえ、かわいいね」と相づちを打ちながらも、正直あまり興味を持てずにいたのだけど、あのときの彼のテンションの高さが、イコ坊が生まれた今は痛いほどよくわかる。

何を考えているのかまったくわからない宇宙人のようだったイコ坊は、5か月になり少しずつニンゲンらしくなってきた。好奇心いっぱいの目であたりをキョロキョロと見つめ、意志を持って手を伸ばし、握りしめ、抱きしめるようになった。そこに〝好き〟という感情があるのかどうなのかはまだわからないけれど、少なくとも〝気に入り〟と〝そうでないもの〟の差が表われるようになってきた。イコ坊の〝好き〟を知りたくて、いろんな声であやしたり、いろんなヘン顔をしたり、いろんなぬいぐるみで喋りかけてみたりして、キャハハと声をあげようものなら、「イコ坊、これ好きらしい！」と夫婦で盛り上がる。〝好きな人の好きなもの〟を知ることがこんなにも嬉しいんだってことを、今さらながら思い出した。

イコ坊はこれからどんなものを好きになるのだろう。黄昏泣きと共に母が流すハロプロの音楽は好きになるのだろうか。唯一（？）の夫婦共通の趣味である喫茶店めぐりには付き合ってくれるのだろうか。私自身キャラクター物はニガテだけれど、家の中がアンパンマンで埋め尽くされる日がわが家にも訪れるのだろうか。彼女が何を好きになるかはまだわからないけれど、イコ坊の好きなものを私もきっと好きになるのだろう。年を重ね、ぎゅうっと凝り固まっていた私の〝好きな世界〟が、イコ坊の登場によって新たに広がっていく予感がする。それってとても素晴らしい日々だ。

22　ハイ・チーズ

私は写真を撮るのが好きだ。好きこそもののなんとやらで、まあまあうまいのではないかと思う。いや、うまいっていうのとは違うかもしれない。技術があるとか、センスがいいとか、そういうことではまったくないのだけど、〝シャッターを切る〟ということに対するフットワークが軽いので、いい瞬間を切り取れることが多いのだ。何をもって〝いい瞬間〟とするかは人それぞれだけど、私は多分〝いい瞬間〟のハードルが人よりもかなり低いのだと思う。ささやかな出来事やちょっとした表情にすぐグッときてしまい、グッとくるのと同時に、いつもポケットに忍ばせているコンパクトカメラを素早く起動しシャッターを切る。その一連の動作がものすごく俊敏なので、その結果〝いい瞬間〟を写真に収めるのに成功するのだ。そんなわけで、私の手元には友人や家族や犬猫たちの〝なんてことない、いい写真〟がたくさんある。

最近の被写体はもっぱら子どもや夫だ。先日、この数か月の間に撮りためたフィルムを現像に出してきた。上がってきた膨大な量の写真には、父と娘のいい瞬間が、それはもうたくさん収められていた。お腹の上に娘を乗せたまま居眠りする写真、汗だくでオムツを替えている写真、抱っこしたまま焼きそばを頬張る写真、お風呂で10数える写真。「我ながらいい写真撮るなあ」と悦に入りながら、私は気づいてしまった。父娘の写真の量に対し、母娘の写真が泣けるほど少ないということに。私のほうが写真好きで、いつも自分から撮る側にまわっているのだから仕方ないのだけど、私だってたまには撮ってほしい。職業柄写真を撮られることは多いけれど、それとこれとはまったく、まっっったくの別物なのだ。そう夫に訴えたところ、意識的に写真を撮ってくれるようになった。しかし、この〝意識的〟ってのがまた厄介で、カメラ片手に「撮るよー」と宣言し、「ハイ、チーズ」と言ってシャッターを切る、その一連が長すぎる＆大げさすぎるのだ。記念写真ならそれでいいのだけど、私が求めているのは、〝なんてことない、自然な写真〟。その一連の準備時間のおかげで、こちらも撮られることを意識してしまい、「ハイ、チーズ」なんて言われたらもう、カメラのほうを向いて笑うしかなく、なんともありきたりな記念写真になってしまう。そもそも、「撮るよー」が余計なのだ。「それ、言わなくていいから、自然に撮って！」と、そう注文をつけた時点で、それはもはや〝演出された、自然な写真〟だ。撮らなかったら文句を言われるし、撮ったら撮ったでダメ出しされる。そんな夫も気の毒だけど、でもでも、私の想いもわかってほしい。娘はぐんぐん大きくなるし、私だってぐんぐんおばちゃんになっていくのだ。今この瞬間の、〝なんてことない、いい日常〟を写真に残したいと思うのは、そんなにワガママなことではなかろう。

そんなことを思いながら、私は自分の幼少期のアルバムを開いてみた。そこには、私と姉と、そして母の姿がたくさんあった。幼い頃の記憶ってのは案外曖昧なもので、実際は覚えていないのに、写真を見て覚えているような気になっていることが多い。母と比べて父の姿は幼少期のアルバムの中にあまりなく、私は今まで漠然と〝父は幼い娘たちとあまり触れ合って来なかったのだ〟と、ずっとそう思い込んでいた。だけど、ふと気づいたのだ。このたくさんの母と娘の写真を撮っているのが父だということを。若かりし頃の母と幼い姉妹の満面の笑みは、全てカメラを持つ父に向けられたものだった。そんな当たり前のことに、私は今まで気づけなかった。

写真はまなざしだ。見つめて、愛おしいと思うからシャッターを切る。たとえ写真の中に姿がなくとも、そこには撮った人の想いがしっかり写り込んでいる。そういう写真がいい写真なのだと思う。どんなに部屋が散らかっていようと、どんなにぶちゃいくだろうと、心が動き「撮りたい」と思ってシャッターが切られた写真はいい写真なのだ。カメラをひょいと渡して、「撮って」と要求して撮ってもらった写真は、撮る人の想いが伴わないことが多いから、いい写真にはなりづらいのだと思う。

「俺、写真のセンスないし」と夫はいじけているけれど、家族の写真を撮るのにセンスや技術なんか必要ない。必要なのは、家族を見つめるまなざしと、シャッターを切るフットワークの軽さ、それだけだ。私が撮ったたくさんの写真を見つめながら「俺も自分用のカメラを買おうかな」と、夫がぽつりと言った。私はその心の変化が嬉しかった。マメではない夫がカメラにハマり、たまちゃんのお父さんみたいになる日が本当に来るのかどうか、それはわからないし、やっぱり私のほうがたくさんふたりの写真を撮ることに変わりはないだろう。だけど、「撮りたい！」と思う瞬間がたくさんあること自体幸せだってことを、忘れないようにしたい。

23 残り香

先日、デパートのトイレで順番待ちをしていたときのこと。個室から中学1、2年生ぐらいのあどけない雰囲気の女の子が出てきた。「かわいらしい子だな」なんてぼんやり思いながら空いた個室に入った瞬間、ふわりと香水の匂いを感じた。私はあまり香水が得意ではなく、トイレの個室に充満する残り香なんて特にニガテな部類なのだけど、このとき私はなぜだか胸の奥を掴まれたような気持ちになった。その香りはとてもオトナっぽくて、すれ違った女の子のイメージとは全然似つかわしくなかったのだけど、その背伸び感が愛おしく、それと同時になんとも懐かしくて切ない気持ちが込み上げてきたのだった。

男の子がもれなく乗り物が好きなように、女の子は幼い頃から〝いい匂い〟のものが好きだ。香り付き消しゴム、紙石鹸、こすると香る便箋……いい匂いのものは全て大切な宝物だった。鉛筆キャップの先に詰まったぷにぷにの香り玉を取り出して匂いを嗅ぐのが最高に幸せで、幸せすぎて香り玉を鼻の穴の奥深くまで入れてしまい、取れなくなって病院に運ばれたこともあった。

〝女の子〟が〝女〟へと変化するのっていつ頃なんだろうと、最近よく考える。どんなに小さくても、女は生まれながらにして女なのだとよく言うけれど、確かにそれも一理あると思う。保育園に行くと、1歳半ぐらいのヨチヨチ歩きの小さな女の子たちが、揃ってお人形さんをお世話しているし、小学生の姪っ子は、肩が開いたTシャツを着て腰をくねくねさせながらｔｗｉｃｅの真似をして踊っている。私自身は、そのへんの成長がまわりより遅く、常にショートカットでスカートなんてまずはかなかったし、サッカークラブに所属して男子に交ざってボールを追いかけているような女の子だった。〝気になる男の子〟がいなかったわけではないけれど、それは〝漫画の世界〟の続きのようなもので、〝女〟として異性を意識するというレベルのものでは到底なかった。

私は〝ハロー!プロジェクト〟というアイドルの女の子たちが大好きなのだけど、小中高大学生ぐらいの女の子たちを長年見つめ続けてきた結果、〝14歳最強説〟というものに行き着いた。もちろん個人差はあるのだけど、中学1年生はまだ小学生に毛が生えたようなコドモなのに対し、中学3年生になると一気にカラダも心も成長し〝女〟になってゆく。ちょうどその中間である中学2年生、つまり14歳頃の女の子たちの、〝オトナ〟と〝コドモ〟が入り交じった未完成な色気は本当に奇跡的で素晴らしい。

実際、成長が遅かった私の中でいろいろな変化があったのも〝中学2年生〟だった。くせ毛を気にして初めて自分で〝ストパー〟をかけたのも、初めてムダ毛を剃ったのも、ピンクの目薬を持ち始めたのも中学2年生だった。そして一番の大きな変化は〝いい匂い〟をただ嗅ぐのではなく、自分につけたいと思うようになったことだ。自分自身から〝いい匂い〟がすることに憧れて、シャンプーをティセラに変えた。EAST END×YURIやPUFFYがCMをしていて当時大ヒットしていたので、私と同世代の方ならばきっと一度は使ったことがあるのではないかと思う。ボーイフレンドらしきものができたのも中学2年生の頃だ。田舎だったので、放課後待ち合わせをして田んぼ道を一緒に帰るというのが精一杯のデートだったのだけど、ポケットに忍ばせたミストタイプの制汗スプレーを、まるで香水をつけるかのようにシュッとひと吹きして、放課後ドキドキしながら彼を待っていたときの気持ちは、今でも鮮明に憶えている。

高校生になると、香水をつける子が一気に増えた。私が初めて買った香水はジバンシィのプチサンボンだった。淡い水色のボトルに筆記体のロゴがガーリーで気に入っていたのだけど、なんだか恥ずかしくて実際につけることはほとんどなかった。仲良しの友だちがつけていたANNA SUI、姉がつけていたクリニークのhappy、彼がつけていたck-be。男性が香水をつけるのはあまり好きではなかったけれど、あの黒いボトルの香りは特別だった。大人になった今、自分も含め、まわりに香水をつけている人があまりいないため、私にとって香水の香りは、そのまま青春時代の香りだ。

高校2年生の初夏、私は失恋をした。私の知らないところで、彼は私の友だちと付き合っていた。あの日トイレですれ違った女の子がつけていた香水は、まさにその友だちがつけていた香水と同じものだった。彼の香水の香りは忘れても、あの子の香りは忘れられない。女心とはそういうものだ。ニガテでたまらなかったはずのその香りは、記憶よりもずっとやさしくて、私はトイレの個室で懐かしくて切ないその香りに包まれながら、20年越しに心の傷が癒えていくのを静かに感じていた。

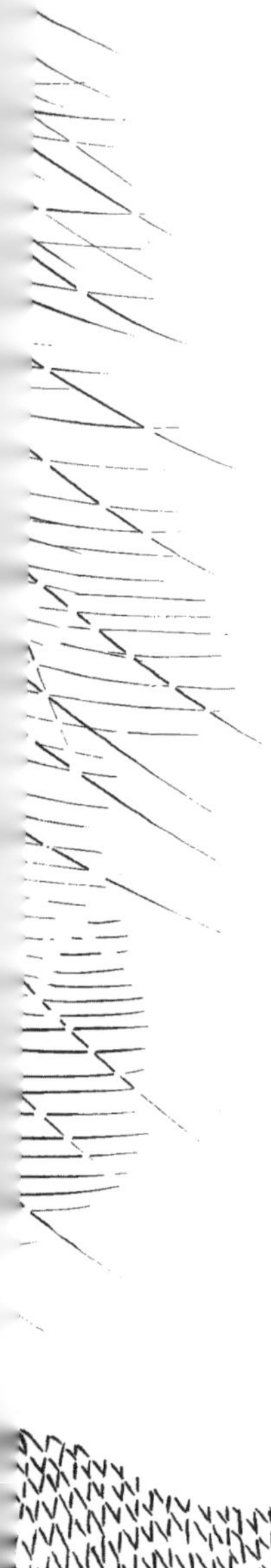

24 二の腕

暑い。毎日ほんとうに溶けてしまいそうに暑い。それだけが理由ではないけれど、私は最近袖のない服ばかり着ている。こんなにも二の腕を出して過ごしているのは、人生で初めてかもしれない。ノースリーブのロングワンピースや、タンクトップにオーバーオールなど、腕を出して脚を隠すコーディネートがとても落ち着く。

もともと私は、二の腕を出すのがニガテであった。ぷにぷにのお肉が気になるし、日焼けも気になるから。そんなわけで、20代の頃は腕を隠して脚を出すコーディネートのほうが多かった。だけどもう、あの頃みたいに素足を大胆に出すなんてことはできず、その代わりと言ってはなんだけど、二の腕を「さあどうぞ」とばかりに惜しげもなく晒している。ぷにぷにのお肉は相変わらずで、なんなら産後うっすら増量したにもかかわらず、だ。

二の腕を思い切り出すことに抵抗がなくなったのは、やはり暑さのせいもあると思う。夏の暑さは年々過酷になっているような気がするし、私自身暑さにめっきり弱くなった。汗で袖が腕にまとわりつくのがもう耐えられないし、さっと上着をはおるにしてもノースリーブのほうが煩わしくない。そんなわけで、〝脚を隠して二の腕オープン〟スタイルが最近の定番だ。ところが、街ゆく人々を観察してみると、二の腕を出している人は思ったより少ない。若い女の子は袖のある服に脚を露出したような格好の子が多く、〝脚を隠して二の腕オープン〟スタイルは、私と同世代〜それより上の女性に多いような気がした。若いオナゴたちの眩しい素足を眺めつつ、おのれの露わになった二の腕をさすさすしながら、私はハッとした。「このバランス、これっていわゆる〝おかあさんバランス〟なのではないか!! 恥ずかしさよりも快適さのほうが上回ってしまった私は、オトナ(=obachan)の階段を上ってしまったんじゃなかろうか!」と。

昔から母は夏になると、いつも二の腕を出した格好をしていた。大抵ノースリーブのテロンとした長めのワンピースを着ていたような気がする。「おかあさんの腕、ぷにぷに〜」と、よくからかっていたけれど、「変に隠すより出しちゃったほうがすっきり見えるでしょ」っていうのが母の持論であった。最近は、フレンチスリーブに太いキュロットなんかを合わせていることが多い。私の中で、夏の母=二の腕というイメージだ。

私の友だちで、とてもいい二の腕をしている子がいる。細すぎず、太すぎず、いい具合に重みがあって柔らかで、そして白い。彼女の二の腕はまさに〝おかあさん〟的で、私は会うとかならずそっと触れ、懐かしい気持ちに浸る。高野文子さんの作品で、小学生の女の子とその母親が出てくる『玄関』という短編があるのだけど、その中で水玉のワンピースを着て日傘をさす母親の腕が描かれたコマがある。細い線でさらりと描かれた二の腕と母親のセリフだけが描かれた余白の多いシンプルなひとコマだけど、その柔らかそうな白い二の腕には、〝おかあさん〟のすべてが詰まっているような気がした。私にとって、二の腕は〝おかあさん〟の象徴だった。

小学2年生ぐらいだっただろうか。暑い夏の午後、1階の和室で昼寝をしていた私は夢を見た。おかあさんが死ぬ夢だ。後にも先にも、そんな夢はあのときの1回きりだ。汗だくで号泣しながら目を覚ました私は、「おがーさん! おがーさん! いやだよう!」と泣き叫んだ。私の泣き声に気づいた母が何ごとかと2階から下りてきた。トントントンと階段を下りてくる母の足音に安堵しながらも、涙は次から次へと溢れ出て止

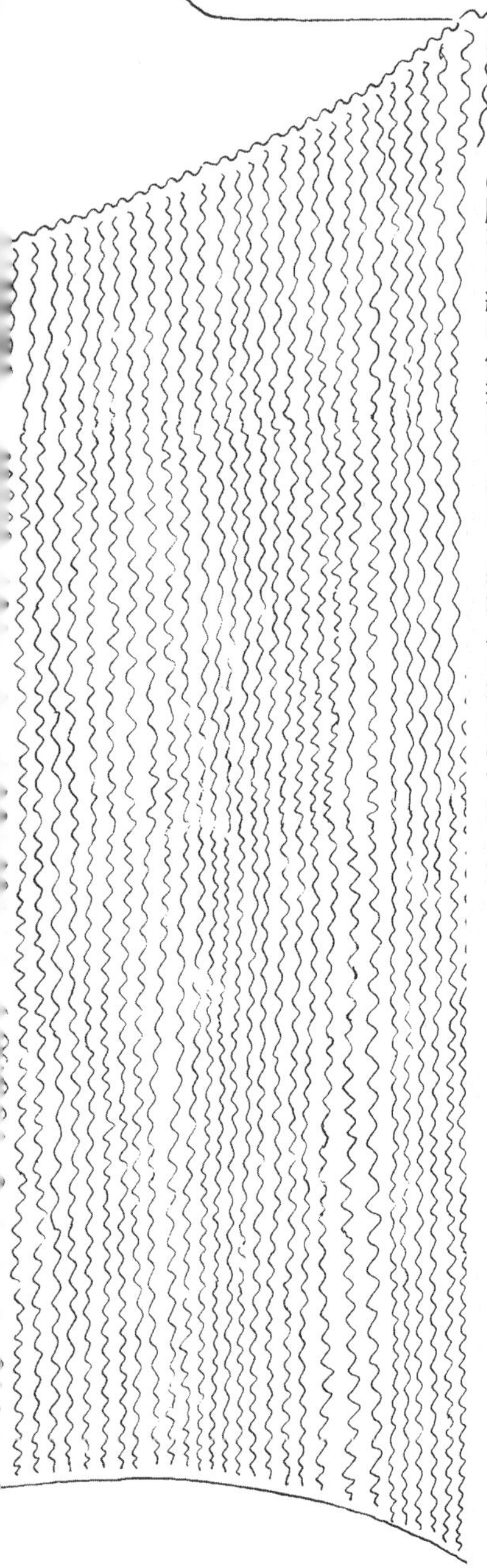

まらなかった。「そんなに泣かんでもいいのに」と笑いながら私を抱き締める母に、私は必死でしがみついた。あのときの母の二の腕の感触を、私は今でもくっきりと思い出せる。白くて、ふわふわで、少しだけひんやりしていて、触っているだけで安心できた。

　母の二の腕の代わりに、私は私の二の腕を触ってみる。なんだか不思議と落ち着く。夫も時々、私の二の腕を触ってくる。8か月になった娘・イコ坊は、人見知りもせず誰にでも愛想を振りまく子だけれど、最近母を認識して、ぺとぺとした吸盤のような手で私の二の腕にしがみついてくるようになった。いつかこの子も、母が死ぬことを想像して泣いたりするのだろうか。

　かつての私は、二の腕を触られるたびに「え、太った？ やばい？」と神経質になっていたけれど、今となっては〝一家にいち台ならぬ、一家にいち二の腕〟的な存在として受け入れつつある。もちろん二の腕はなるべくシュッとしていたいし、ノースリーブを格好よく着こなしたいという気持ちだってあるけれど、イコ坊が母を求めて抱きついてきたとき、そこに柔らかな二の腕がなかったら寂しかろうなんて言い訳をして、二の腕引き締め体操にもあまり身が入らないのであった。

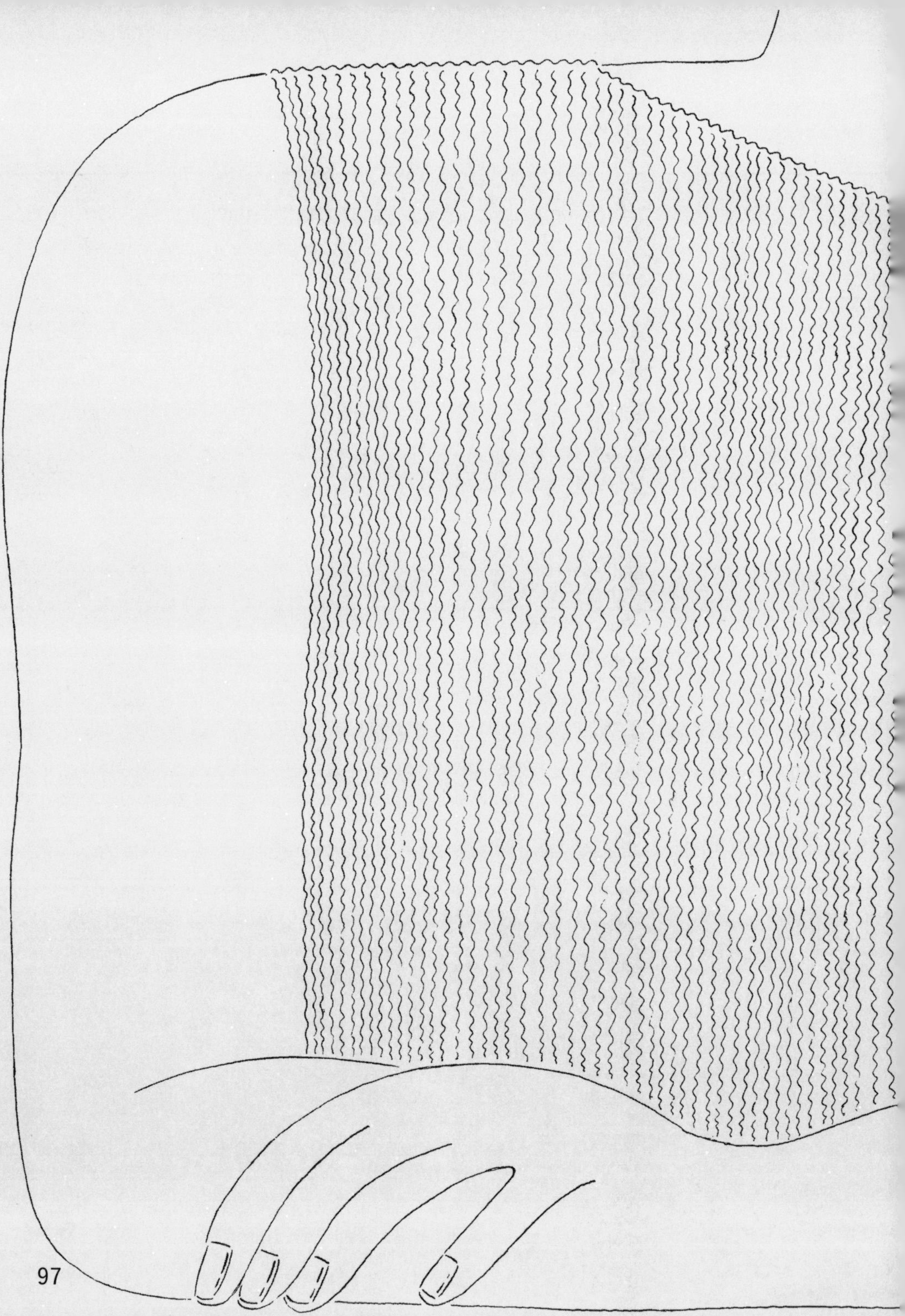

25 デジタル音痴

私のパソコンは重い。物理的にも、容量的にも、とにかく重い。文章を書いたり、外で仕事をする機会が多いにもかかわらず、旧型のノートパソコンを何年も使い続けているため、仕事先でリュックから分厚いノートパソコンをズリズリと引っ張り出すたびに周囲から驚かれる。さらにデスクトップにあふれ返るフォルダの多さに引かれる。「軽いパソコンに買い替えたらいいのに」と勧められるのだけど、実はもう私の手元には2年ほど前から薄型のノートパソコンがスタンバっている。私が毎日持ち運ぶリュックの重さを不憫に思った夫が、誕生日に買ってくれたのだ。だがしかし。新しいパソコンにはなかなか移行できないでいた。

そもそも私はデジタル関係にめっぽう弱い。もともと理数系の中で限りなく文系に近い（と、勝手に思っている）建築学科出身で、ドラフターと呼ばれる傾斜のついた製図台を使って手を動かして図面を描いていた最後の世代（今はコンピューターを使って描くことがほとんど）のためか、基本的にアナログな作業のほうが性に合っている。自慢じゃないけどプログラミングのテストでは0点を取ったこともある。普通、テストの点数分布というのは山型グラフになるものだけど、この教科に限っては0点か100点という極端な分かれ方をしていた。コンピューターのいろはってのは、わかる人からすれば〝あいうえお〟を唱えるくらい易しいものだけど、わからない人からしたら宇宙語のごとくちんぷんかんぷんなのだ。このときの0点がきっかけとなり、私はコンピューターに対して強い苦手意識を持ったままオトナになってしまった。

しかし、幸いなことに私のまわりにはいつも理系の頼れる友人がいた。パソコンにトラブルが発生しても、大学時代はゼミの友人が、そしてオトナになってからはマンションの隣の部屋に住んでいた友人の旦那さん（コンピューター会社勤務）がサクサクと直してくれたため、私はいつだって他力本願であった。しかし隣人が引っ越してしまってからというもの、パソコンに関するややこしいことにはまったく手が出ず、適当にごまかしながら、だましだまし使ってきた。時々画面上に表れる「ほにゃららをアップデートしますか？」的なメッセージに恐怖を感じ、いつも見なかったことにしながら「あとで」を選択。とにかく私は、パソコンやスマホの〝アップデート〟や〝インストール〟や〝バックアップ〟などという言葉たちが怖いのだ。そいつらに触れたら最後、私のパソコンやスマホは「クルクル♪お待ちください」みたいな状態になり、しまいには動かなくなってしまう。だからクリックしないのだ。そうやって苦手なことから逃げまくってきた結果、私のメカたちは古い体質のまま、どんどん重たくなってしまった。パソコンやスマホの中にある膨大なデータをどうやっても移行することができず、かといって大切なものたちを置き去りにしたまま新しいパソコンに手を出すこともできず、いつまでたっても薄型パソコンを箱の中から出してあげられなかった。

このままでは薄型ちゃんが可哀想すぎる！　そして、この重たすぎるパソコンやスマホが最近どんどん熱くなってきている！　これはイカン！と思い、私は夫にヘルプ要請をした。しかし夫は基本文系でコンピューターに詳しいわけでもなく、キーボードを人差し指と親指だけで超高速で打つような独自路線を行く人なので、やはりというべきか、まったくもって対処することができなかった。熱々のパソコンを前にお手上げ状態の夫に対し、私はついガッカリした顔でため息をついてしまったのだけど、それで夫は深く落ち込んでしまった。なんとなく〝男性は機械関係に強い〟というイメージがあるけれど、それを押しつけるのは家庭内セクハラなのかもしれぬと大いに反省。

私は意を決してリンゴのサポートセンターに問い合わせてみることにした。対応してくれたのは、Ａｋｉｋｏさんという偶然にも同じ名前の女性。基本的に直接持ち込んで相談したいアナログ人間の私は、電話で解決なんてできるのかしらと半信半疑になりながらも、必死で状況を説明した。すると彼女は、とても落ち着いた口調で「ひとつひとつ解決してゆきますので、ご安心くださいね」とやさしく声をかけてくれた。そういうマニュアルなのか、それとも私の口調が相当切羽詰まった感じだったからなのか、とにかくＡｋｉｋｏさんは終始やさしく寄り添ってくれて、大変心強かった。彼女に言われるがまま操作していくと、突然画面に赤い矢印が現れた。この矢印はＡｋｉｋｏさんが操作しているものだった。一体どういう仕組みなのかわからないけれど、とにかく必死でその赤い矢印を追いかけて操作した結果、データは無事薄型ちゃんに移行された。「他に何かご不明な点はございませんか」とご丁寧に聞いてくださるものだから、調子に乗ってスマホのアプリでわからなくて困っていたことについて質問した。もはやリンゴとはまったく関係ないにもかかわらず、彼女は「私のわかる範囲でしたら」と、丁寧に教えてくれた。

電話を切ったあと、やさしさの余韻と感慨に浸りつつ、頑張ってくれた旧型ちゃんに「おつかれさま」と声をかけてみた。旧型ちゃんのデスクトップには、大量のフォルダたちがアートのように重なり合っている。〝とりあえず〟〝とりあえず2〟などと名づけられたフォルダの中身が何なのか、私はもちろん思い出せない。やれやれと伸びをして辺りを見渡すと、物が詰め込まれたいくつもの〝とりあえず箱〟と目が合ってしまった。面倒なことを後回しにした結果は、デジタルでもアナログでも同じようだ。この悪いクセをなんとかしない限り、クールでスマートな生活は永遠にやってこないだろう。なんだか恐ろしくなった私は、目の前の〝とりあえず箱〟をひっくり返し、いそいそと整理し始めたのだった。

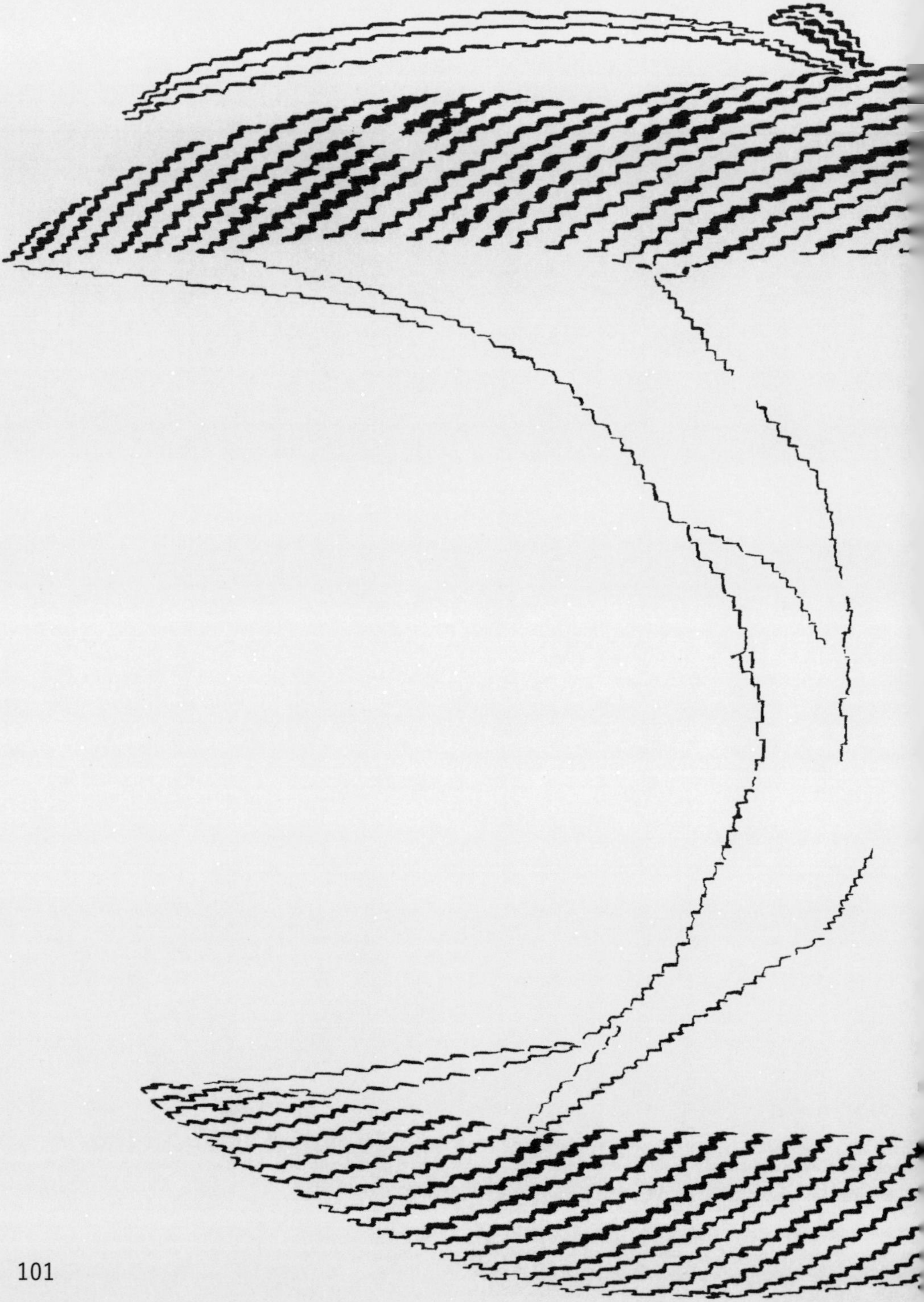

26 トイレ図書室

最近、夫との会話が少ない。いや実際には、家の中で言葉は常に飛び交っているのだけど、それは主にホウレンソウ（報告・連絡・相談）的な生活を回していく上で必要なもの＆喃語《なん》大フィーバー期イコ坊の雄叫びで、賑やかではあるけれど会話らしい会話はなんだか減っているような気がするのだ。「今日お母さんが電話で……」「あ、イコ坊ウンチした！」「はい、替えます〜」「そういや、駅前にさあ……」「あっ！ イコ坊がワカメの水ひっくり返した！」「わあわあわあ」「今日会社で……」「その前に洗濯物取り込んで！」と、こんな感じで、会話の途中に〝生活〟が容赦なくカットインしてくるため、なかなか会話が進まない。夫がイコ坊と遊んでいる間に夕飯を作り、暴れるイコ坊の気を引きながらせっせとご飯を食べさせ、ご飯粒べとべとちゃんをお風呂に放り込んでじゃぶじゃぶ洗い、ミルクを飲ませて絵本を読んで、合間に自分のご飯を急いで食べて、そのまま一気に寝かしつけ。無事に眠りについたのを確認し、そーっと寝室から抜け出す（そのまま一緒に寝てしまうことも）。そうして、薄暗いリビングでぐったり倒れ込む夫と顔を見合わせ、「いやぁ〜、生活って……」「……大変」と合言葉のように言い合う。お茶でも入れようかってこともたまにはあるけれど、それよりも〝寝たい〟気持ちが勝るため、早々に寝床について家族3人川の字でぐーすか寝てしまうのだった。

もともと夫は、口から先に生まれてきたんじゃないかっていうぐらいずーっと喋っている人なのだけど、私がいちいち返さないからか、最近はマロ（猫）とばかり会話をしている（実際のところは夫がひとり二役）。

この間、ぼんやりしていて夫が熱々のミルクをぶちまけてしまったことがあった。しかも洗って乾かしてあった哺乳瓶の上に、盛大に。私はそれを片すのが嫌で、気づかないフリをした(最低)。ぐったり肩を落とし黙々と片付ける夫を、「やれやれ、オマエはそんな器用じゃないんだからさ、ムリすんなよ、ペロペロ」とマロが励ましていた（実際には夫のひとりごと）。マロが励ましてくれているので放っておいたら、夫は「♪泣〜かないぞェ（鈴木蘭々）」と歌っていた。このひとりごとの多さが、最近少しばかり心配だ。

そんな私たちは、最近トイレで会話している。会話といっても、トイレに一緒に入るというわけではモチロンない。トイレに置いてあるマンガを同時に読み進めることでマンガを通して会話をしているのである。私たち夫婦は共にマンガ好きで、どんなに忙しくても疲れていてもマンガを読む時間だけは死守しているのだけど、読みかけのマンガをなんとなくトイレに置いたままにしていたところ、お互いが読んでいたものを手に取るようになり、「あれ、面白いね」「あ、読んだ？　いいよね」とコミュニケーションが生まれることに気づいた。育児やら家事やら生活に追われる中で、頑張って会話の時間を捻出するのもいいけれど、それぞれが自分の好きな世界で癒やされ、それを交換して楽しさをお裾分けするのが、今はちょうどいい。そんなわけで最近わが家では、互いにオススメしたいマンガを交換図書のようにトイレに置くようになった。

私が最近置いたのは、吉田戦車さんや伊藤理佐さん、森本梢子さんなど、漫画家の先生が描いた子育てマンガ（古め）だ。夫はこういうジャンルのマンガをあまり読まない人だったけど、今のイコ坊と同じ時期のことが描かれている巻を置いておくと、じっくり読み入っていた。目の前の大変さについて夫婦で話すより、同じような大変さを面白おかしく描いたマンガを一緒に読んで笑いに切り替えるほうが、なんだか健全な気がした。一方夫が置くのは『はぐちさん』や『スキウサギ』など、ゆるいキャラクターが登場するギャグマンガが多い。「サンマが好き！」「ジャムが好き！」とひたすら好きなものをぐいぐい押してくるスキウサギのセリフを真似て、「ビニール袋が好き！」「本のカバーが好き！」とイコ坊のアフレコをするのが一時期家庭内で流行った。そんなゆるキャラ好きの夫が、最近珍しく恋愛ものを置いた。『ルポルタージュ』という作品だ。恋愛をする者はマイノリティな存在で、痛みや面倒事を伴う恋愛を〝飛ばし〟て、自分とマッチする人と結婚する〝飛ばし婚〟が主流になった近未来の物語。

　私たちは恋愛結婚だけど、そもそものはじまりはなんだったっけ。『ルポルタージュ』を読みながらそんなことを思い、記憶をキュルキュルと巻き戻してみた。仕事で知り合い、なんとなく仲良くなって、少しずつ距離が縮まっていた頃。私の中で、妙に腑に落ちた瞬間があったのを思い出した。あれはまだ、私がひとり暮らしをしていたときだ。ひとりベランダで洗濯物を干していたら、なぜだか「にゃはは」と笑う彼の顔が浮かんだ。当時まだお付き合いもしていなかったし、特別〝好き〟という感情も生まれていなかったのに、なぜだか洗濯物の向こうに彼の顔が見えた。それがなんだか妙にしっくりきたのだ。自分の生活の中に、彼の顔がある。そんなナイスアイディアがひらめいた瞬間だった。その後、自然とお付き合いがはじまり、そうして今に至る。

　先月私は誕生日だったのだけど、夫はそのことをぽっかり忘れてぎっしり仕事を入れていた。土下座しそうな勢いで謝ってきたけれど、私は正直それほど気にならなかった。当日はイコ坊とイチャイチャ楽しく過ごし、ふたりで早々と眠りについた。夫は深夜に帰宅したようだった。朝起きると、テーブルの上におめでとうのメッセージとともに小さな花束があった。夫の優しさに嬉しくなりながら花瓶に移し替えようと花を手に取った私は仰天した。白や黄色や紫色のその花は、どこからどう見てもお仏壇用の花であった。帰宅が

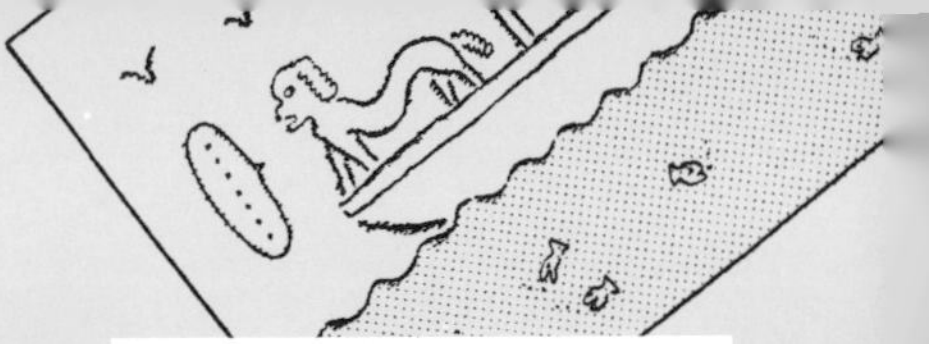

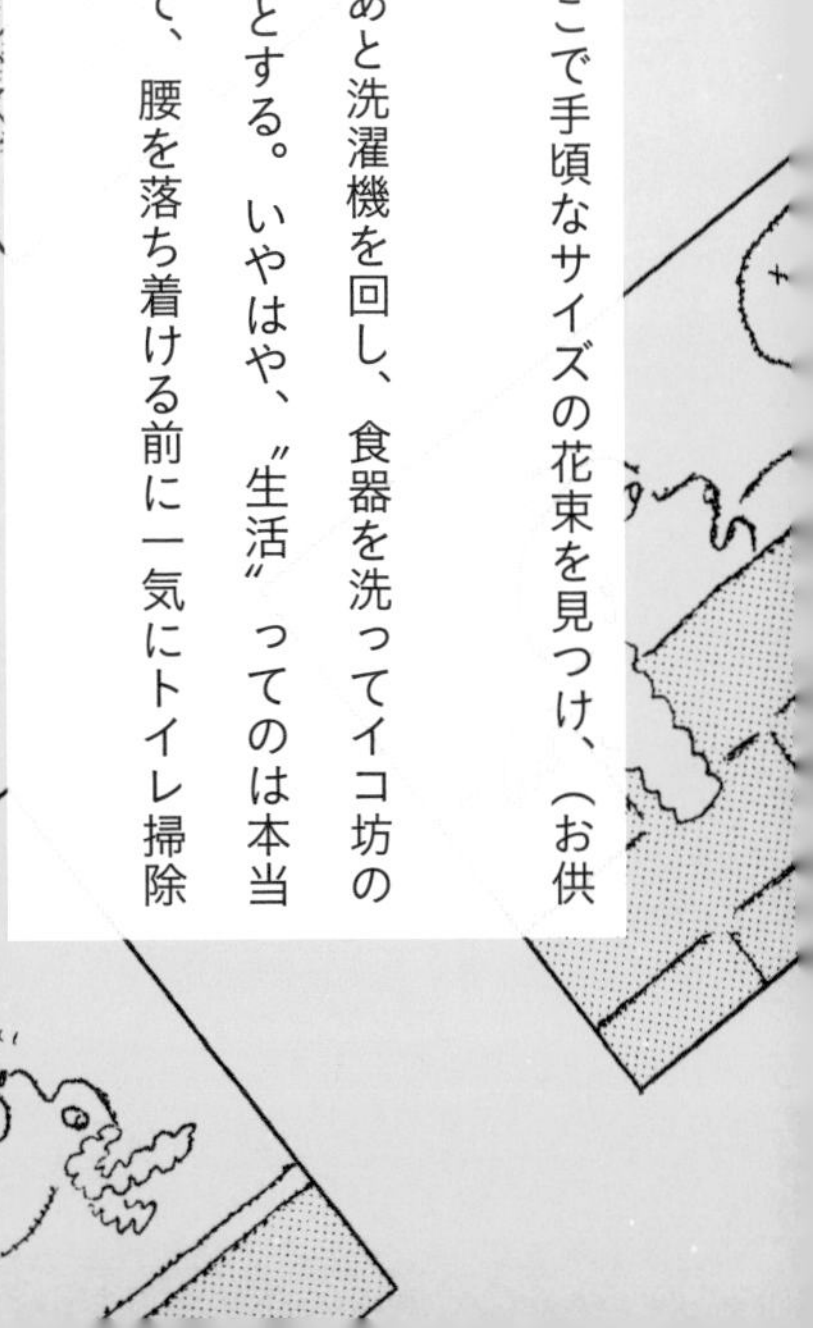

遅くなった夫は、おそらく24時間空いているスーパーに寄り、そこで手頃なサイズの花束を見つけ、（お供え用の花とも知らずに）ちょうどいいぞと購入したのであろう。

今日も夫は慌ただしく仕事へと出掛けていった。夫を見送ったあと洗濯機を回し、食器を洗ってイコ坊の離乳食を作っていたらあっという間に午前中が終わっていて愕然とする。いやはや、〝生活〟ってのは本当に大変だ。だけど、菊の花の水を替える私の顔は嬉しそうだ。さて、腰を落ち着ける前に一気にトイレ掃除をして、新しく置くマンガを考えるとしよう。

27 家物語

住宅物件を見るのが好きだ。引っ越す予定もないのに、暇さえあれば不動産サイトをウロウロと徘徊し、引っ越しを考えている友だちがいようものなら、条件を聞いてせっせと物件を探す。間取り図を読み解き、空間を立体的にイメージし、そこでの暮らしを妄想するのがとても楽しい。

今暮らしている家は、東京で暮らすようになってから三つ目の家だ。賃貸の一軒家で、老夫婦の大家さんが暮らすおうちの上階部分をお借りしている。結婚を機に探した物件だったのだけど、実は直前まで別の物件に決めかけていた。夫は私と違って〝家〟に対してあまりコダワリがないので、物件探しは私主導で動いていたのだけど、このとき決めかけていた物件は「条件は満たしているし、気に入っているのだけど、う〜ん」という感じで、なぜだかもやもやする気持ちが拭えなかった。契約書にハンコを押す前の晩、ソワソワしていても立ってもいられなくなった私は、布団からもぞもぞと抜け出して夜通しパソコンと向き合った。そうして見つけたのが今の物件だった。土壇場の変更に夫は戸惑っていたけれど、私に迷いはなかった。新しい生活のイメージが驚くほどむくむくと湧いてきたのだ。

家も、洋服と同じだと思うのだけど、よい物件というのは、似合う物件ということだと思う。無難で、誰にでもなんとなく似合うものには、あまり興味が持てない。個性的なほうがいいとかそういうことではなく、しっくりなじんで自分の世界が膨らむような、そんな物件を私はいつも探していた。これまで暮らしてきた物件は、その時代時代で私にしっくり似合っていたような気がする。

一つ前に住んでいたところは、私と同い年ぐらいの、質実剛健な佇まいのマンションだった。飾り気はないけれど、想いをどーんと受けとめてくれるような懐の広さがあった。当時このマンションには、友人が何人も住んでいた。友人が引っ越した部屋に、また別の友人が引っ越してきたりして、とにかく賑やかだった。夕飯を持ち寄って一緒に食べたり、模様替えを手伝ったり、一緒に棚のペンキ塗りをしたり。長期ロケのときにはワカメを預かってもらっていたので、ワカメはマンションの友だちにすっかり懐いていた。ずっとこんな風に暮らせたらなとぼんやり思ったりもしたけれど、もちろんそんなわけにもいかず、友人たちはそれぞれ結婚したり、子どもが生まれたりして、新しい場所へと旅立っていった。私もこのマンションに住んでいたときに夫と出会い、結婚が決まって引っ越すことになったのだけど、ここで過ごした20代後半から30代前半までの時代は、私にとってまさに最後の青春であった。

さらにその一つ前、大学を卒業して初めて東京で暮らし始めた頃に住んでいた部屋。あの部屋での生活が、私の〝家〟に対する価値観の基礎を作ってくれたような気がしている。築年数は40年以上で、見るからに古くくたびれたコーポ、お世辞にも綺麗だといえるような建物ではなかったけれど、私は内見をしてひと目で気に入った。25平米ほどのワンルームの床は無垢板のフローリングが敷かれ、トイレ兼お風呂には黄色く塗られた木の扉がついていて、さらに天窓もついていた。4階建ての最上階でエレベーターもなく、斜線制限で部屋の半分は天井が斜めになっていたけれど、そこにベッドを置いたらなんだかハイジの寝床みたいになる気がした。だけど、クローゼットもベランダもないし、やっぱり外観の古さ、汚さも気になる。私は、一緒に内見をしていた不動産屋のお兄さんに思い切って聞いてみた。「もし自分の彼女がここに住んでたら、どう思います?」と。「この部屋、どう思います?」と聞くよりも、こう聞いたほうが本音が聞けるようにな気がしたのだ。急な質問に不動産屋さんは、う〜んと少し考え、「彼女の家がここだったら、正直外観の雰囲気に引くかもですねえ。中を見たらナルホドとは思うけど、やっぱりちょっと、驚くかも」と、自分が仲介する物件にもかかわらずド正直な答えを返してくれた。「これがきっと、男の人の平均的な意見なんだろうな」と理解した私は、その意見を聞いてもなお揺るがない想いを信じ、このオンボロハイジハウスに住むことを決めた。そういえば、ワカメを飼い始めたのもこの頃だ。ひとり暮らしをしたら犬を飼おうと決めていて、ペット可であることも大きな決め手だった。

古い物件で大家さんもおおらかだったので、私は住みやすいようあちこち手を加えた。壁一面にバレエスタジオの如くポールを取り付け、ずらりと洋服をかけた。クローゼットの中で暮らしているみたいだった。ハイジハウスは大通りの交差点近くにあったので、夜もザワザワゴウゴウと音が静まることはなかったけれど、不思議とその喧騒がひとり暮らしの心細さを和らげてくれた。まだ赤ちゃんだったワカメは、ハイジハウスにやって来た日、一晩中キューンキューンと夜泣きした。力いっぱい鳴き叫ぶ小さな黒い塊を抱き、自分も泣きそうになりながら迎えた朝日はとても眩しかった。そしてその日以降、ワカメは無駄に鳴かなくなり、私のお腹にぺったりくっつき、スヤスヤと眠るようになった。

ハイジハウスで暮らしていた数年間、私はワカメの世話や仕事に必死で、やりたいこともたくさんで、恋もしたし、失恋もしたし、なんだかとにかく目まぐるしかった。モノも想いもどんどん増えて、それを小さなハイジハウスにせっせと詰め込んで、ぎゅうぎゅうな部屋の中で、ワカメを抱きしめて寝ていた。これまで暮らしてきた東京の〝家〟を思い返したら、そこにはいつだっておはぎみたいな塊がゴロンと寝そべって寛いでいる。そうか。私の東京暮らしに、ワカメはずーっと寄り添ってくれているのだな。そんなことに、

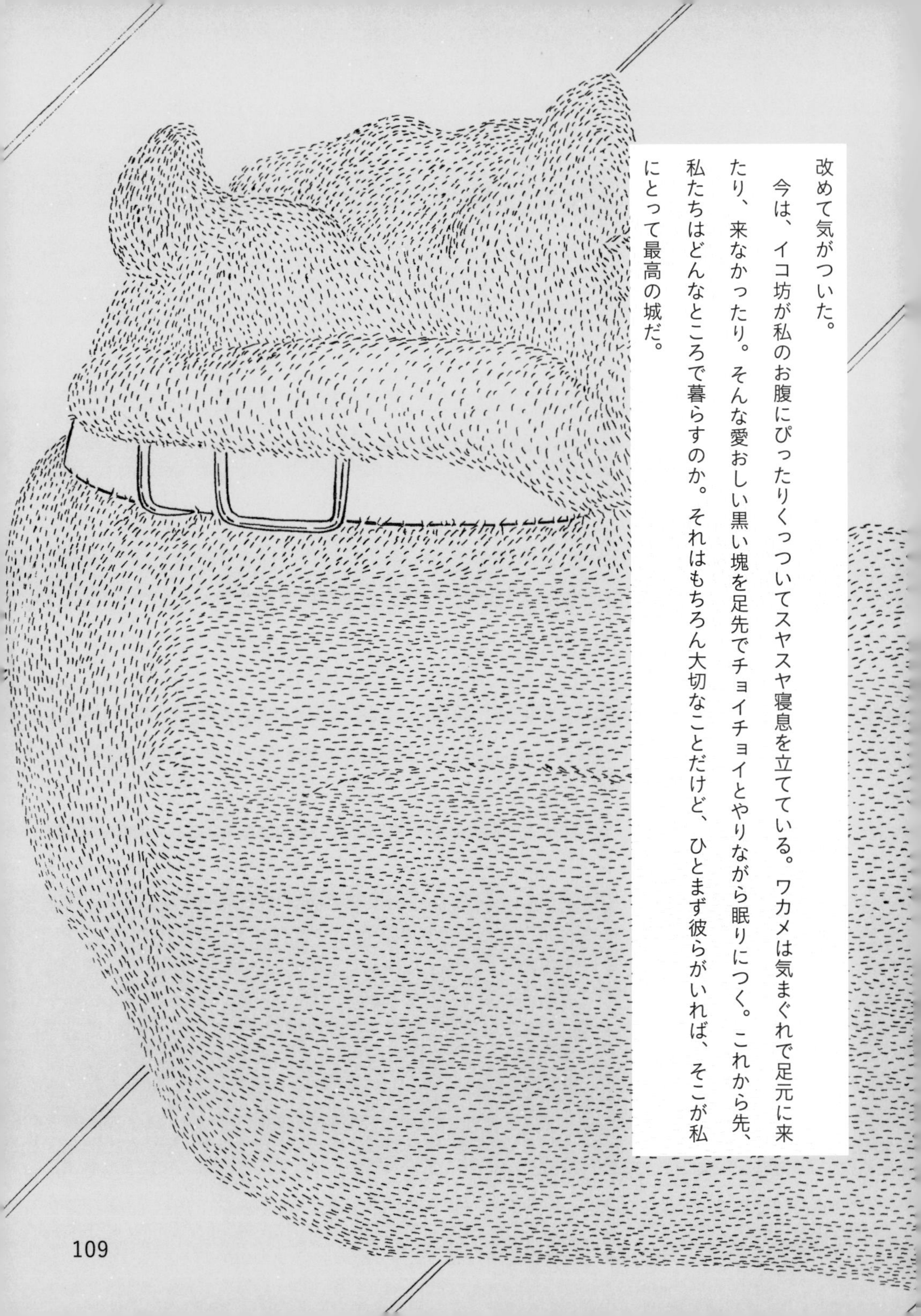

改めて気がついた。

今は、イコ坊が私のお腹にぴったりくっついてスヤスヤ寝息を立てている。ワカメは気まぐれで足元に来たり、来なかったり。そんな愛おしい黒い塊を足先でチョイチョイとやりながら眠りにつく。これから先、私たちはどんなところで暮らすのか。それはもちろん大切なことだけど、ひとまず彼らがいれば、そこが私にとって最高の城だ。

28 こんないるかな

30年ほど前にNHKの教育テレビで放送されていた幼児番組のこと、きっと同世代の方ならばご存知だと思う。「こわがりやのぶるる」「いやだいやだのやだもん」「いたずらっこのたずら」など、いろんな性格の色とりどりのキャラクターたちが登場するこのアニメが、私は大好きだった。全員の名前をキャッチフレーズ付きで言えたし、キャラクターの絵が描かれたハンカチを宝物のように大切にしていた。今でも時々、イコ坊を抱っこして主題歌を口ずさんだりしている。

そんなイコ坊は、最近1歳の誕生日を迎えた。とにかく元気で、人見知りもせず、お散歩しながら道ゆく人に手を振って愛想を振りまいている。9か月頃から歩き出し、最近は小走りするようになり、本当に目が離せない。歩き出した頃は、「あまり早く歩くと体の発育によくない」と聞き、必死でハイハイさせようと試みたけれど、視界が広がってウハウハヒャッホウな子にハイハイさせることなんて無理なのだった。

成長の早さは、嬉しい反面親のほうが成長についていけず、「もう少しペースダウンしないかい?」と思ってしまったりもする。追いかけ回したり、家の中を赤子仕様に整えたりと、と物理的に大変なのはもちろん、気持ち的にも「まだまだ赤ちゃんでいてくれていいのに」と寂しい気持ちになったりもした。だけど身体能力がぐんぐん成長する一方で離乳食はなかなか進まず、同じぐらいの月齢の子がモリモリ食べているのが心底羨ましかった。ゆっくりでいいと言ったり、進んでほしいと願ってみたり。親とは勝手な生き物だと、我ながらつくづく思う。

こんな子もいるし、あんな子もいる。スピードもいろいろ、見えている世界もいろいろ、興味もいろいろ。比べてもしょうがないってことぐらいわかってる。わかっちゃいるけど、チラチラとよそ見をし、気にしてしまう母心。

今日もごはんを豪快に床に投げ捨て、椅子の上に立ち上がって雄叫びを上げるイコ坊を抱きかかえ、ベトベトになった手を洗い、残したご飯をどさっと三角コーナーに捨て、「やれやれ」と心の中でため息をつく。そんな私の気持ちも露知らず、解き放たれたイコ坊は部屋中動き回って全開ではしゃいでいる。

大変なことは、嬉しいことで相殺されて、それでもなお余り有るかわいさでなんとか頑張れる、そんな日々だ。最近、言葉らしきものが出始めたイコ坊は、私が着ているヨレヨレのトレーナーに描かれたラブラドールの絵をぎゅうと掴んで、一生懸命「わぅわぅ」言っている。毎朝力いっぱい胸ぐらを掴まれ、満面の笑みのわぅわぅコールとともに、私の1日は始まる。寝ぼけ眼のまま、朝から元気100パーセントのイコ坊の相手をし、朝ごはんの支度のため、今度はEテレのワンワンにバトンタッチ。毎日そんな感じで、テレビのお世話になっている。

先日、1歳のお祝いのために遠方に住む双方の両親が駆けつけてくれた。スタスタと歩き回り、ひらひらと手を振って歩く姿にじじばばはメロメロ。イコ坊に絵本を読み聞かせる母の声に懐かしさを覚え、ポケットから取り出したハンカチでイコ坊の鼻水をぐいっと拭く義父の姿に、夫も自分の幼い頃を思い出していたようだった。レストランで出された美しい離乳食も、豪快に掴んで床に落とす平常運転のイコ坊。ハラハラする私をよそに、じじばばたちはそんな姿ですらかわいいと言わんばかりに、ニコニコ眺めていた。

食事に飽きたイコ坊は、レストランにあったワンワンのおもちゃで遊び始めた。「毎朝見てるからね、大

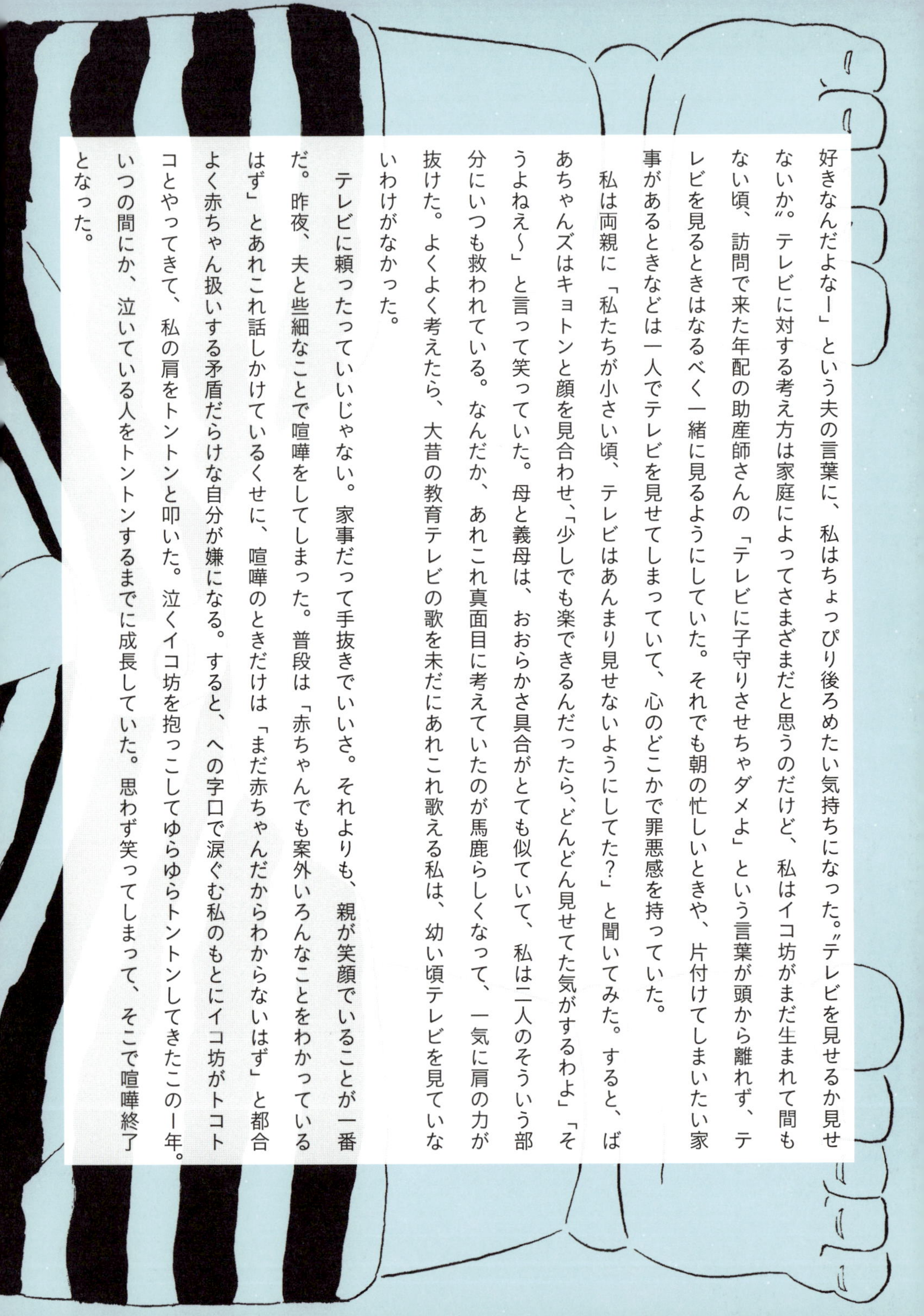

好きなんだよなー」という夫の言葉に、私はちょっぴり後ろめたい気持ちになった。〝テレビを見せるか見せないか〟。テレビに対する考え方は家庭によってさまざまだと思うのだけど、私はイコ坊がまだ生まれて間もない頃、訪問で来た年配の助産師さんの「テレビに子守りさせちゃダメよ」という言葉が頭から離れず、テレビを見るときはなるべく一緒に見るようにしていた。それでも朝の忙しいときや、片付けてしまいたい家事があるときなどは一人でテレビを見せてしまっていて、心のどこかで罪悪感を持っていた。

私は両親に「私たちが小さい頃、テレビはあんまり見せないようにしてた？」と聞いてみた。すると、ばあちゃんズはキョトンと顔を見合わせ、「少しでも楽できるんだったら、どんどん見せてた気がするわよ」「そうよねぇ〜」と言って笑っていた。母と義母は、おおらかさ具合がとても似ていて、私は二人のそういう部分にいつも救われている。なんだか、あれこれ真面目に考えていたのが馬鹿らしくなって、一気に肩の力が抜けた。よくよく考えたら、大昔の教育テレビの歌を未だにあれこれ歌える私は、幼い頃テレビを見ていないわけがなかった。

テレビに頼ったっていいじゃない。家事だって手抜きでいいさ。それよりも、親が笑顔でいることが一番だ。昨夜、夫と些細なことで喧嘩をしてしまった。普段は「赤ちゃんでも案外いろんなことをわかっているはず」とあれこれ話しかけているくせに、喧嘩のときだけは「まだ赤ちゃんだからわからないはず」と都合よく赤ちゃん扱いする矛盾だらけな自分が嫌になる。すると、への字口で涙ぐむ私のもとにイコ坊がトコトコとやってきて、私の肩をトントンと叩いた。泣くイコ坊を抱っこしてゆらゆらトントンしてきたこの1年。いつの間にか、泣いている人をトントンするまでに成長していた。思わず笑ってしまって、そこで喧嘩終了となった。

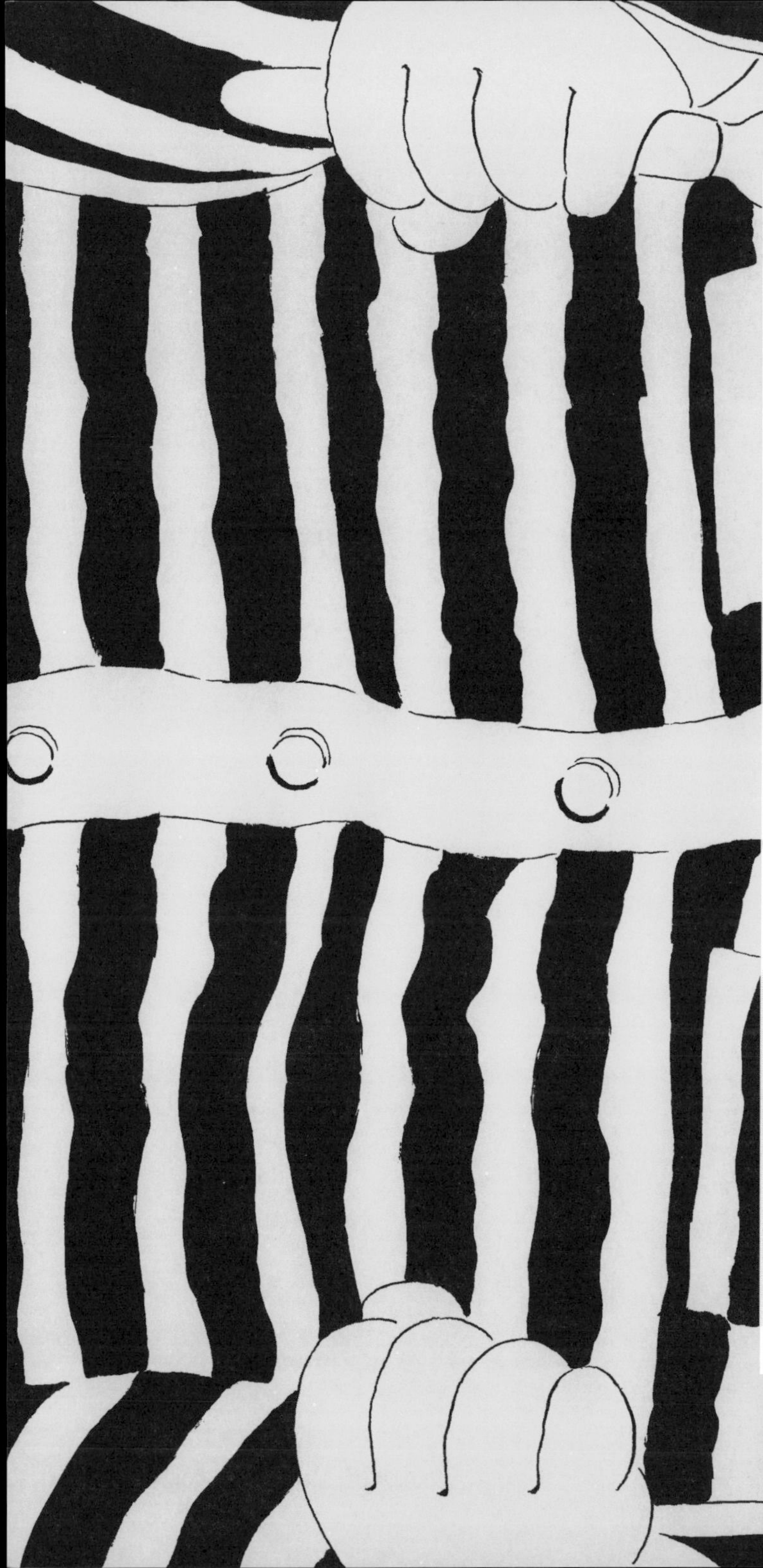

「きみがいるからおもしろい」。これは〝こんなこいるかな〟の歌に出てくるフレーズだ。「個性を尊重しましょう」みたいな綺麗な言葉よりも、ずっとやさしくストンと入ってくる。いたずらっ子も泣き虫も、へそまがりもお調子者も。こんな子、あんな子、いろんな子がいるから、だからおもしろい。今朝もイコ坊は、食事中だあだあ言いながらベビーダノンを顔に塗りたくっていたけれど、ひとまず後片付けのことは忘れて、目の前の真っ白な顔を夫婦で笑い合った。「きみがいるからおもしろい」のだ、私たちの毎日は。

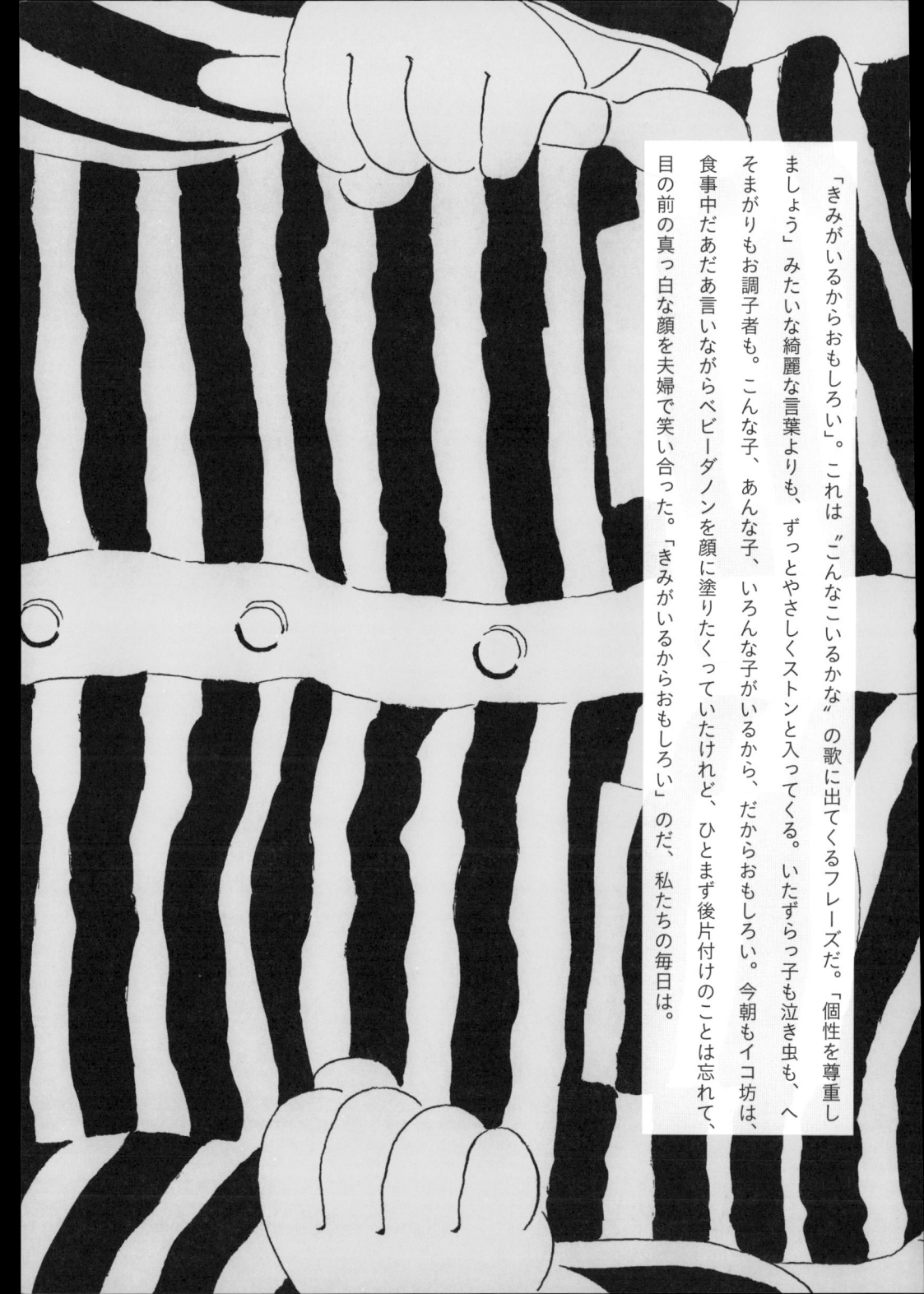

29 小さな世界

先日、家族で東京ディズニーランドへ行ってきた。1歳になったばかりのイコ坊が楽しめるのだろうかと少し不安だったけれど、身長制限のないアトラクションは思ったよりも多く、たくさんの乗り物に乗ることができた。子どもがいなかったときはまったく目に入らなかったのだけど、どのアトラクションにもベビーカーを置くスペースがきちんと確保されていて、乗り場近くにはベビーカーがずらりと並んでいた。キャストの方が常に大量のベビーカーを綺麗に並べ直してくれるので、アトラクションを降りたあともスムーズにベビーカーを出すことができた。子どもを産んでから、こういう細やかな気配りに気づくことがよくある。

着いた瞬間からテンション上がりっぱなしのイコ坊は、イッツ・ア・スモールワールドで世界中の子どもたちに手を振り、ホーンテッドマンションのゴーストたちを興味津々で見つめ、遭遇したキャラクターに抱きしめてもらってニコニコご満悦な様子だった。まったく泣かずに躊躇することなく新しい世界へズンズン突き進んでゆく姿は、わが子ながら頼もしくもあるけれど、キャラクターたちを怖がって泣いているイコ坊と同い年ぐらいの子を見ると、反応が新鮮で羨ましかったりもした。

この日、私は一枚の写真を持参していた。私が幼い頃、初めてディズニーランドを訪れたときの写真だ。オーバーオールを着て、ビッグサンダー・マウンテンの前で嬉しそうにピースしているマッシュルームカットの私。この写真と同じ場所でイコ坊の写真を撮りたくて、イコ坊にも似たようなオーバーオールを着せて出掛けた。写真の中の私は、ごつごつとした岩壁のような場所に腰掛けており、後ろに見えるビッグサンダー・

マウンテンは少し遠い位置にあった。岩山の距離と角度を手がかりに、マップとにらめっこしながら「ここじゃないな、あっちかな」と探して回る。なかなかドンピシャの場所に辿り着くことができず、キャストの方に写真を見せて助けを求めたところ、「角度的におそらくトムソーヤ島ではないか」と手がかりを教えてくださった。ドキドキしながらいかだに乗ってトムソーヤ島に渡る。夫婦で「ここだ!」と叫び合い、岩場にイコ坊を座らせて写真を撮った。ブカブカのオーバーオールを着てキョトンとした顔で写真に収まるイコ坊と、ニコニコ顔の30年前の私を交互に見ていたら、なんだかタイムトラベルでもしているかのような気分になった。

この写真は小学校に上がる直前の春休みのもので、私は6歳だった。夜中に岐阜駅前から家族で夜行バスに乗り、早朝ディズニーランドに到着した。朝靄の中、駐車場のトイレに行くだけでも嬉しくてたまらなくて飛び跳ねる私の手を、母が「迷子になるから!」と言ってぎゅっと握っていた。

ギンガムチェックのシャツにオーバーオール、その上にJ.PRESSのジャンパーという、母がコーディネートした姉とお揃いの服を着て、お揃いのミッキー帽子をかぶり、浮かれながらチュロスを頬張る。ビッグサンダー・マウンテンはなんとか乗れたけど、スペース・マウンテンは暗闇が恐ろしくて途中で退出。ホーンテッドマンションは、館の天井がぐんぐん上がり始めた時点で恐怖の限界を超えてしまい、私は半泣きでシートに乗り込み母の腕に顔をうずめ、「何も見るもんか」とぎゅっと目を瞑《つぶ》り耳を塞いだ。「もうすぐ出口だよ」という母の言葉でそーっと目を開けると、隣に乗っていたはずの母が鏡の中でゴーストに変わってしまっていて、私は泣き叫んだ。6歳の少女にとって、大好きな母がオバケになってしまった衝撃は相当のものだったのだろう。私はそのあとダラダラと泣き続けた。さらに、その日泊まったホテルで、私はお風呂場にあったガラスの石鹸置きを落として割ってしまった。泣きっ面に蜂とはまさにこのこと。「お父さんに叱られる」とへの字口で縮こまっていた私を、しかし父はまったく叱らなかった。かわりに父がホテルの人に何度も頭を下げていた。慣れないホテルのピンクオレンジの灯り、母が持参してくれた着慣れたパジャマの肌触り、ホーンテッドマンションの暗闇、ジャングルクルーズで見たワニの目（本物のワニだと思っていた）、頭を下げる父の姿。初めて訪れたディズニーランドのことを思い出すと、ウキウキワクワク楽しかった記憶よりも、ぎゅうと胸が締め付けられるような心細い感情が蘇ってくる。幼かった私が初めて感じた、畏怖の念ってやつだったような気がする。

　何かを怖れる気持ちというのは、一体いつ頃生まれるのだろう。世界の広さを知り、不安で心細くて足がすくんで、だけど知りたいと思う。ディズニーランドは、そんな気持ちを思い出す小さな旅のようなものだ。私の手を振りほどき、新しい世界へと突進していく怖いもの知らずのイコ坊も、もう少し大きくなって物事が理解できるようになったらきっと、恐怖心というものが生まれるのだろう。最近、本当に時々だけど、初めての場所に行くと私の足にしがみ付いて辺りを観察するようになった。足に絡まる小さな腕の感触は愛おしくて、だけど今までこんな風に誰かにまっすぐ必要とされたことなんてなかったので、なんだかくすぐったい。

　これから先、イコ坊が何かを怖れたときに私は安心する場所になってあげられるのだろうか。ひょっとしたら、幼い頃の私が顔を出して、イコ坊と一緒に震え上がってしまうかもしれない。だけど、私はそれが密かに楽しみだった。オーバーオールを着たマッシュルームカットのあの子が見ていた世界を、イコ坊と一緒にもう一度見られると思うと、なんだかワクワクしてくる。「せーかいは　せーまい♪」と歌うスモールワールドの子どもたちを夢中で見つめるイコ坊を見ながら、私はそんなことを考えていた。

30 小生意気ガール

小学4年生の姪っ子ふうちゃんは、最近おしゃれにうるさい。久しぶりに会った冬休み、真っ白いふわふわなアウターの肩を落としてだらりと着ていたので「寒いから前しめたら？」と言ったところ、「これがおしゃれなの！」とピシャリ。「おしゃれに寒いとか関係ないの」とまで言われてしまった。なんとも生意気なお年頃だ。それにしても、〝あったかい〟とか〝動きやすい〟という理由優先で洋服を選んでいる私には耳が痛いお言葉。そんな小生意気ガール（Ⓒカントリー・ガールズ）と洋服を買いに行くと、「これは丈感がイマイチ」だとか、「これは色がダサい」とか言いながらいっちょまえに物色していておもしろい。「こっちもかわいいんじゃない？」と叔母好みの服を勧めてみたりもするのだけど、「うーん、ちょっと地味かな」と、なかなかお気に召してはいただけないのだった。

近頃の女の子は、流行に敏感でおしゃれに対する意識が高い子が多いような気がする。オーバーサイズのアウターやワイドパンツなど、大人アイテムをさらりと着こなしていて驚いてしまう。街で小学生ぐらいの女の子がお母さんとそっくり同じような格好をしているのを見ると、「ママと同じような格好がしたいんだろうな」と微笑ましく思う反面、「そういう格好は大人になってからいくらでもできるから、もっと子どもらしい格好したらいいのになあ」とも感じてしまう。〝子どもらしく〟だなんて、彼女たちからしたら余計なお世話なのだろうけれど、やっぱり子どもの体型だからこそ似合う服ってのがあると思うのだ。

私は小学生の頃から背が高く、いつも実際の年齢より上に間違えられていた。それがすごく嫌で、自ら子どもっぽい格好を好んでしていたような気がする。探検隊みたいな半ズボンのオーバーオールや、動物のアップリケがついたトレーナーがお気に入りだった。高学年になるにつれて子どもサイズの服が合わなくなり、母に連れられスーパーの端っこにある大人の洋服売り場で服を買ってもらっていたのだけど、子どもなのに大人の服を着ているのがなんだかとても恥ずかしくて、切なかった。大人っぽい洋服を着たいだなんて、これっぽっちも思わなかった。

姪っ子のふうちゃんは、私の姪っ子なだけあって背がかなり高いのだけど、今のところそれをコンプレックスに思ったりはしていないようだ。最近はもっぱらニンテンドーDSのファッションゲームに夢中で、「あきちゃんはシンプル系ね」とか言いながら私のキャラクターにコーディネートを組んでくれている。しかしゲームの中の私はギャルのような格好をさせられておりシンプルとは程遠かったので、「シンプルなファッションていうのはねぇ」と口に出してしまいそうになったけれど、面倒くさい叔母さんになりたくなかったので何も言わないでおいた。

そんなふうちゃんと一緒に公園へ出かけたときのこと。トイレから戻ってきた私が、ふわふわアウターをちょいと移動させようと持ち上げたところ、ふうちゃんにものすごい勢いで奪い取られ、触ったところを払われてしまった。「ちゃんと手洗ったよ？　ふーちゃん、意外と潔癖症だね」と思わず言ってしまったのだけど、そんな私の言葉も届かない様子だった。その後ふわふわアウターはママに預け、イコ坊の手を引いて滑り台にブランコにボール遊びにと、全力で遊んでくれた。疲れてぐずりだしたイコ坊を抱っこし、おしゃれアウターをさっとはおって車まで歩くふう姉ちゃんの後ろ姿は、さながら小さなお母さんのようだった。

その日の夜、イコ坊とふうちゃんと3人でお風呂に入った。イコ坊の体を洗ってくれたり、おもちゃで遊んでくれたりと、ここでも頼りになる姉さんだ。自分の体も洗い、ざぶんと湯船に飛び込んだふうちゃんは、「あきちゃん、あのね」と神妙な顔で話し始めた。イコ坊はおもちゃに夢中で、お風呂場に一瞬静寂が訪れる。「昼間にね、あきちゃん、ふうに言ったでしょ」「へ？　何を？」「きれい好き、みたいなこと」「ああ、潔癖症ね」「そう。あれ、ちょっと嫌だった」と俯きながら話すふうちゃんを見て、私は胸がぎゅうとなった。子どもながらに〝潔癖症〟という言葉が与えるネガティブな空気をちゃんと感じ取っていたようで、軽はずみに言ってしまった自分に腹が立った。「あの服、ママに買ってもらったばっかりでね、真っ白だから汚したくなかっただけなの」と話すふうちゃん。「そっか、ごめんね」と謝りながら、私は少し考えて、「でもさ、あんな風に奪われて、触ったところ払われたらさ、された人はちょっぴり傷つくかもよ」と言ってみた。さて、どんな生意気な反論が返ってくるだろうかと待ち構えていたら、ふうちゃんはしばし無言で考え、「今度から気をつける」と言って、イコ坊と遊びだした。小生意気ガールの思わぬ素直な言葉に成長を感じつつ、ちょっぴり自己嫌悪に陥る私。わざわざ言うべきことだったのか、単に私が言いたかっただけなのか。子どもとちゃんと向き合うには、まず自分と向き合わなければならないってことを、姪っ子に学ぶ。

風呂上がり。荷物を整理していたら、ふうちゃんにあげようと思っていた『リンネル』の付録のミニリュックが出てきた。姉に「これ、ふうちゃんにどうかな」と見せたところ、「あきちゃんから渡したら、喜んで使うと思うよ」と言うので、どうだかねえと思いながら、ふうちゃんを呼んだ。居間でゲームをしている甥っ子（小1）に聞こえないように「これプレゼント。内緒ね」と小声で渡したら、ぱあっと最高の笑顔になった。「スポーティ系のファッションにも合いそう！　最近スポーティに凝ってるんだよね」と相変わらず小生意気なことを言いながら、パジャマ姿でファッションショーを繰り広げている。かわいいヤツめ。女の子

の生意気さは、自分にも身に覚えがあるからこそ呆れちゃうけど憎めない。生意気と素直を行ったり来たりしながら素敵なガールになってほしいものだと、小生意気叔母さんは願うのだった。

31 パパママ案件

わが家における、親（つまり夫と私）の呼び名が一向に決まらない。私自身は、子どもの頃から「おとうさん・おかあさん」と呼んでいて、基本的に私の中に〝パパママ呼び文化〟はない。私が育った岐阜の田舎町では、両親を〝パパママ〟と呼ぶ子はほとんどおらず、同級生の中に一人だけ、〝パパママ〟呼びの子がいたけれど、彼女のおうちはお医者さんで、絵に描いたようなお嬢様という雰囲気の子。くるくるの柔らかい髪をツインテールにした彼女のような子にこそ、〝パパママ〟という言葉はふさわしいのだと子ども心に思っていて、そのイメージは大人になった今でもあまり変わらない。

ところが、仙台に住む義理の母は、義理の父のことを「パパ」とか「ユウさん（下の名前）」と呼んでいて、初めて聞いたときは文化の違いを感じて驚いた。しかし、義父がお義母さんのことを「ママ」と呼ぶかと言えばそんなことはなく、夫も両親のことは「とうさん・かあさん」と呼んでおり、夫の実家に〝パパママ呼び文化〟があるわけではないようだった。義母も昔は普通に「おとうさん」と呼んでいたそうで、なぜだか最近になって「パパ」と呼ぶようになったらしい。義母は、私が帰省のお供に買って帰る東京のお菓子をいつも楽しみにしてくれていて、ウキウキ顔で包みを開け「まあ素敵！」と手を叩いて喜んでくれるような人で、「パパも一緒に頂きましょう」と鼻歌交じりでお茶を淹れる姿がチャーミングなおばあちゃんだ。３人の子どもを育て、子どもたちがひとり立ちして母業がひと段落するのと同時に、もともと持っていたハイカラな文化に憧れる少女の部分が花開いて、その結果「パパ」や名前呼びになったのではなかろうかと私は見ている。

一方私の両親はというと、お互いのことは昔も今も変わらず〝おとうさん・おかあさん〟だけど、イコ坊にはどうやら名前で呼んでほしいらしく、せっせと「△△じいだよ」「○○ばあだよ」と教え込んでいる。親になると、名前を呼ばれる機会はぐんと減る。昔の人は特にそうだったのだろう。だからこそ、じじばば世代は名前で呼ばれることが嬉しいのかもしれない。

私も子を産んで母になり、「何て呼ばせるの？」と聞かれることが増えた。子どもからこう呼ばれたいというこだわりは特になかったのだけど、いざ自分のことを「ママ」と呼んでみると、予想以上に違和感がありまくりで、「ママってキャラかい？」と自分にツッコミを入れてしまう。そんなわけで、「まあ普通に〝おかあさん〟かなあ」とぼんやり答えていた。生後半年ぐらいまでは、そんな感じで特に呼び名を固定せず、なんとなくその場しのぎでやってきたのだけど、イコ坊もだんだんと言葉らしきものを発するようになり、そろそろ呼び方を決めなければならなくなった。

私のまわりの子を持つ家庭は〝パパママ〟呼びが多数だ。話を聞くと、「特にこだわりはないけど、保育園の先生やまわりの人が〝パパママ〟と呼ぶから、自然とそうなった」というパターンが多い。とある男の子を持つ友人は「ママ呼びのほうがグレなさそうじゃない？　うるせえ、ママ！とか違和感あるし」と独自の見解を持っていてなるほどと思ったけれど、それをいうなら「うるせえ、おかあさん！」も違和感があるし、〝パパママ〟だろうと〝おとうさんおかあさん〟だろうと、グレるときはグレるような気もする。

他にも、〝とおと・かあか〟とか〝とっちゃん・かっちゃん〟とか、独自の呼び名を展開している家庭があって、どれもその家庭らしくて微笑ましいなと思い、わが家でもいろいろ試してはいるのだけど、なかなかしっくりくるものが見つからない。お風呂からイコ坊を出すときに、練習がてら「パパー！　イコちゃん上がりまーす」と呼んでみたり、「とおとー！」と呼んでみたりするのだけど、なんとも恥ずかしい。自分のことを呼ぶのはさらに照れくさくて、「おかあさんのところ、おいで」ぐらいなら、なんとか言えるけれど、「ママのところ、おいで」とは、なかなか言えない。結局、自意識過剰な母は、照れくさい自称を端折って「おいでー」としか言わないことが多い。一方夫は、何でもいいからとにかく呼ばれたいらしく、暇さえあれば「パパだよ、ぱぁぱ！　ほら、ぱーぱ！」と、リピートアフターミー並みの勢いで教え込んでいる。

必死の特訓の成果か、最近イコ坊は夫のことを時々〝ぱぱぱぱぁ〜〟と呼ぶようになった。私が呼び名に悩んでうかうかしている間に、先を越されてしまった。「〝パ〟は発音しやすいもんね。いきなり〝おかあさん〟は難しいもんね」なんて負け惜しみをこぼしながら、ぼんやりEテレの〝みんなのうた〟を見ていたら、童謡〝おかあさん〟が流れ始めた。〝おかーあさん　なーあに〟から始まる、しゃぼんのあわとたまごやきの匂いのする、あの名曲だ。この曲には、私のイメージするおかあさん像がぎゅっと詰まっている。これは単純に、私の経験からくる偏見なのだろうけど、〝おかあさん〟という響きには、母を慕う子のまっすぐな想いが含まれているように感じるのだ。台所で母の足にまとわりつきながら湯気に包まれた母を見上げたときの、洗濯物を畳む母の背中にだらりんと乗っかったときの、母にぎゅうと抱きしめられたときの、安心で満ち足りた想いが、「おかあさん」と声に出して呼んだ瞬間ふわりと膨らむ。やっぱり私は「おかあさん」と呼ばれたい。すると、私にもたれかかって一緒にテレビを見ていたイコ坊が、おもむろに私の太ももにゴロンと転がり、私を見上げて「まぁまぁまー」と言った。「え!?　今なんて言ったの」と聞くも、イコ坊はニヤニヤしながら転がっていってしまった。コロコロした小さな生き物の手のひらで、私のほうが転がされて

いるのかもしれないなぁなんて思いつつ、コロコロの塊をつかまえてぎゅうと抱きしめた。「ママ」という響きにこんなにも愛おしさを感じるなんて、自分でも驚きだった。もう何だっていいや。イコ坊の呼びたいように呼べばいいさ。なんと呼ばれようと、私がキミのおかあさんであることに変わりはないのだから。

32 あの街、この街

「そういえば、春に東京を離れることになったんだ」

と、カメラマンの友人からある日突然報告された。わりと重大なことをあまりにもさらりと言うもんだから、こちらも思わず「へえ、そうなんだー」と軽く返してしまい、すぐさま「えー!!」となった。「離れるっていっても山梨だしね。ずっと物件を探してて、たまたま山梨にいい物件が見つかったの。東京まで通って仕事するつもりだし、今までと全然変わらないよ。ギリギリ関東だし」と、まるで世間話でもするかのように話す友人を見ながら、私は寂しいような、眩しいような、不思議な気持ちに包まれた。

ここ数年、こんな風にふわりと東京を離れる友人が私のまわりにとても多い。東京での仕事に区切りをつけて故郷で新しいことを始めるためだったり、旦那さんの仕事の都合だったり、子どもを育てる環境を変えるためだったりと、引っ越す事情も置かれている状況もみんなそれぞれ違うけれど、引っ越しを決めた友人たちは、みんな揃ってさっぱりと清々しい顔をしていて、なんだかつられてこちらまで清々しい気持ちになるのだった。

小学生の頃、仲良しだった幼馴染みの子が引っ越すことになったとき、今生の別れかのように泣いたことを思い出す。夏休みになったら会えるよと大人たちに言われたけれど、子どもにとって数か月会えないのは生き別れも同じだったし、自転車で行けない場所はこの世の果てくらい遠かった。だけどいつの頃からか、引っ越しで友人と離ればなれになることに、あの頃のような辛さを感じなくなった。もちろん、「ちょっと今からお茶しようよ」ができない距離になってしまうのは寂しいに決まっているのだけれど、幼い頃に流した涙を大人になった今流すことはもうない。それは、自分の中で友だちの存在が占める割合が減ってしまったとかそういうことではなくて、むしろ友だちの大切さは歳を重ねるごとに大きくなっているのだけど、大切さと会う頻度は比例しなくなってきているのだと思う。この世の果てのように感じていた距離も会えない時間も、びゅーんと飛び越えられるぐらいに、私は大人になったのだ。

洋服のデザインをしている友人が数年前に関西に引っ越してしまい、当時はとても寂しかったのだけど、年に最低2回は展示会のために上京しているので、下手したら東京にいる友人よりも〝会っている〟感じがする。近くに住んでいても、いや近くに住んでいるからこそ、いつでも会えると思い、気づけばとんとご無沙汰になってしまっている友人も少なくない。遠くに住んでいると、余計に「会いに行こう」と時間を捻出して計画を立てるし、せっかくなら併せて小旅行でもしようかなと、遠出するきっかけになったりもする。そうやって定期的に自分が暮らす街を離れると、近すぎて見えにくかったものがくっきりと見えてきたり、生活に新しい風が吹き込んだりして気持ちがいい。まだ老眼が始まったわけではないけれど、離れたほうがよく見えることって、案外あると思うのだ。洋服を試着したときだって、鏡から離れて遠くから見たほうが良し悪しがはっきりわかる。それと似ているような気がする。

話が逸れたけれど、そんな風に友人たちのふわりとした移住を目の当たりにしたり、移住先の地を旅したりする中で、私自身も自分の暮らす場所について考えることが多くなった。私も夫も10代で上京しているので、気づけば人生の半分を東京で過ごしていることになる。東京という街は好きだけど、特別思い入れがあるわけではなく、やりたい仕事がここにあるから東京にいるにすぎない。そう思って長年暮らしてきたけれど、気づけばいつの間にやら東京のあちらこちらに居心地のよい場所ができて、大好きな友人もたくさんできた。そんな大好きな東京の友人が、ひとり、またひとりと東京を離れていく。一方で、都心に腰を据えると決めた友人家族もいる。はてさて、我々はどうする？〝田舎生まれ田舎育ち、のち東京暮らし〟夫婦の娘であるイコ坊は、このまま東京生まれ東京育ちのシティーガールになるのだろうか。小学生になる前に、原宿デビューしちゃったりするのかしら。高校時代、田舎のスーパーの片隅でプリクラを撮り、たこ焼きを食べて過ごしていた私が、娘の都会っ子ぶりついていけるのか、少々不安だ。

そんなシティーガール予備軍のイコ坊を連れて、先日ふらりと名古屋へ行ってきた。数年前に東京から名古屋へ引っ越した友人が臨月を迎えるので、生まれる前に会いに行こうと思ったのだ。会うのは数か月ぶりだったけど、昨日も会っていたかのような軽いテンションで「よっ」と出迎えてくれて、それが嬉しかった。彼女の家の近くの動物園に3人で行き、「次来るときは4人だね」なんて言いながらゆっくり園内を散策する。ここのところずっと仕事が忙しく、のんびりぼんやり過ごしたのは久しぶりだった。彼女は仕事でちょくちょく東京に来ていたけれど、赤ちゃんが生まれたらしばらくは来られないだろうし、子育ては名古屋ですることになるだろう。もうすぐお母さんになるお腹の大きな友人が、イコ坊の手を引いて歩く後ろをついて歩く。ふと見上げると、そこには昔からずっと変わらないコアラの壁画があって、小さな頃母に手を引かれてこのコアラを眺めたことを思い出し、胸の中をいろんな気持ちが駆け巡った。大好きな友人と隣り合って子育てできないのはやっぱり寂しいけれど、子どもの頃大好きだったこの動物園に、毎年必ず一緒に行こうと心に決めた。

わが家がこれから先、どんな街でどんな風に暮らすのか。それはまだわからないけれど、地方で暮らす友

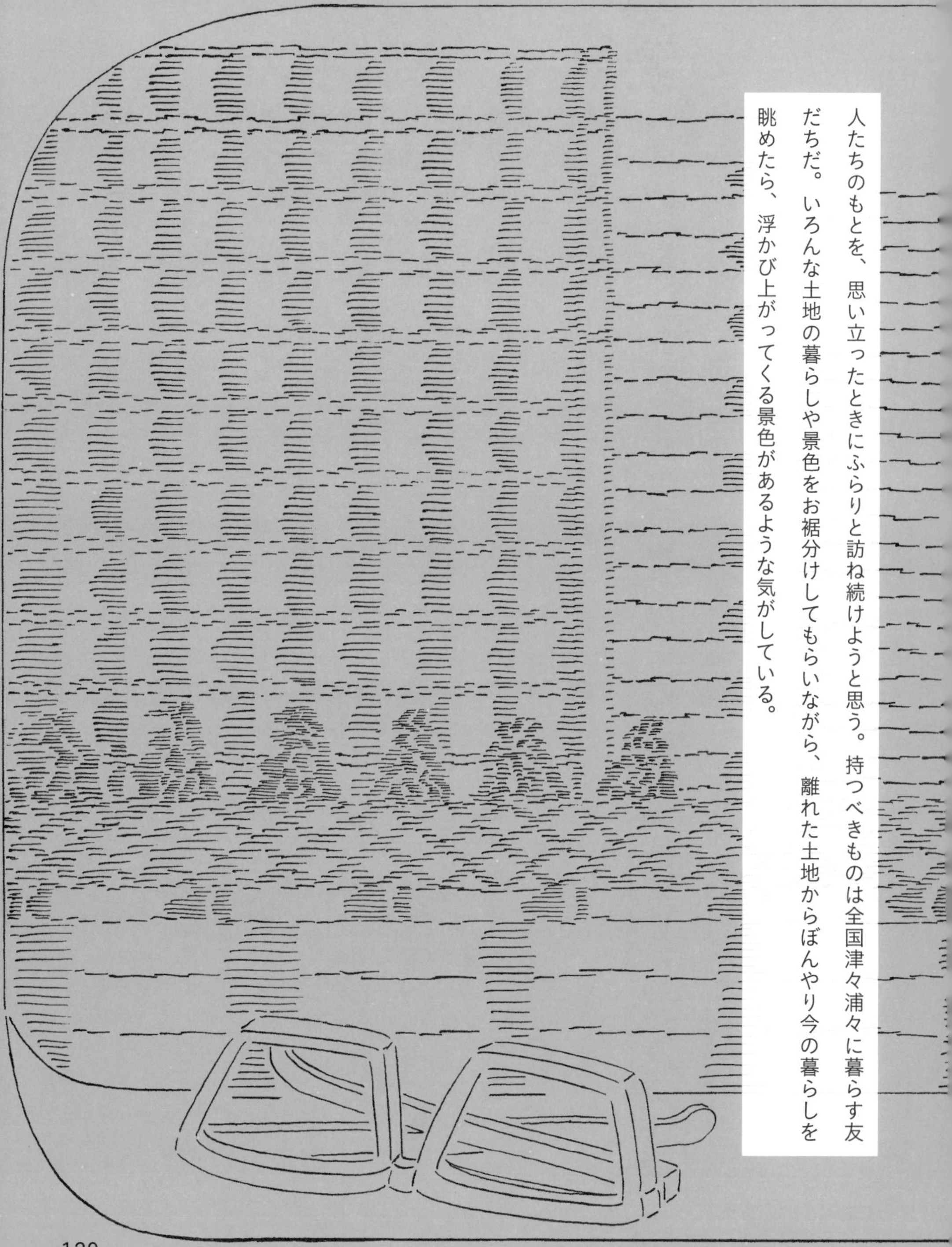

人たちのもとを、思い立ったときにふらりと訪ね続けようと思う。持つべきものは全国津々浦々に暮らす友だちだ。いろんな土地の暮らしや景色をお裾分けしてもらいながら、離れた土地からぼんやり今の暮らしを眺めたら、浮かび上がってくる景色があるような気がしている。

33 ヘアスタイル

髪を切りすぎた。切りすぎて、今とても落ち込んでいる。私を知る人ならば、「切りすぎもなにも、いつも短いじゃないの」って思うかもしれないけれど、今回は、今回こそは伸ばそうと思っていたのだ。なんでかっていうと、数か月前に夢を見たから。夢の中で、私は長い髪を後ろでひとつに束ね、束ねた髪をさらに三つ編みにしていた。静寂に包まれた仄暗い空間で、ひとり静かに丁寧に髪を編む私。目が覚めたあとも、指に取った髪の感触が微かに残っていて、ねぼけまなこの私は、「これはなにかのお告げに違いない」と思い込み、そこから密かに髪を伸ばし始めた。毎朝丁寧に髪を梳《と》かし、姿勢を正して髪を編む。なんて素敵な習慣なのだろう。まだ見ぬ新しい自分の姿をぼんやりと想像しながら、私は短い髪の毛を丁寧に梳かす。

髪を伸ばそう計画を立てたのが昨年の秋で、この冬は少し伸びたマッシュルームヘアを帽子の中にキュッとしまいこみ、ショートカット風を装って過ごした。もこもこのニット帽やふわふわのファーの帽子のおかげで、冬は伸びかけの髪もさほど気にならなかった。そうして春がやってくる。暖かな帽子を脱ぎ去ると、私の髪は顎のあたりまで伸びていた。もう少し伸びたら後ろで縛れそう。しかし、下ろすととても中途半端だ。私はひとまず行きつけの美容室に向かった。向かいながら、あれこれ考える。後ろの長さはキープしつつ、前髪を整えてボブっぽくして、そこから伸ばしていくのがきっと賢明だな。オカッパ頭はあまり似合わない気がするけれど、オカッパを通らないことには夢の三つ編みには到達できないのだ。ここは我慢我慢、ガマンのガマンだ。

美容室に行くまでは、確かにそう強く思っていた、はずなのだ。それなのに、鏡の前に座った私は、いともあっさりと「やっぱり切っちゃってください」と言い放っていた。鏡に映った半端なオカッパ頭の自分がどうしようもなくイケてなくって、我慢ができなかった。美容師さんが耳の後ろの伸びかけの髪をキュキュッとショートっぽくしまいこんだ瞬間、いつもの私らしい私が顔を出す。「やっぱこれだね」と嬉しくなって、そのまま勢いでバッサリ切ってしまった。

そうして、今である。駅ビルのエスカレーターの鏡に映るショートカットの自分を、横目でチラチラと確認する。うん。やっぱりアンタ、短いほうが似合っているよ。と自分に言い聞かせる。だけど私はモーレツに後悔していた。街ゆくオナゴたちの、さらりと風になびく長い髪が眩しくて仕方がない。髪を伸ばしたいモードになることはこれまでも何度かあったのだけど、ここまで尾を引いたのは初めてだった。ああ、私は何度同じことを繰り返せば気がすむのだ。とりあえず一旦長さを残して整えた状態でしばらく過ごしてみて、それでもやっぱり気に入らなければ、その時切ればいいじゃないか。切ることはいつだってできるのだ。だけど、一度切りたいと思ってしまったら我慢するのは至難の業で、とりあえず保留なんてできるわけもなく、まだ見ぬロングヘアの私は、ショートカットの私にいとも簡単に敗れ去った。

あれは中学2年生ぐらいだっただろうか。修学旅行の数日前に、私は町で唯一のおしゃれ美容室（センスのいい美容師のお姉さんがいるという噂だった）に、雑誌『CUTiE』を持って訪れた。いつもは母とスーパーの片隅にある美容室に行っていて、ひとりで美容室を訪れるのはこの日が初めてだった。街角スナップページの中で一際おしゃれで目立っていた、ギャルソンを着た女の子のツーブロックヘアを見せ、「こんな感じにしてください」とお願いした。「憧れの雑誌の中の子みたいになれるかもしれない。今日から私、おしゃれっ子になるんだわ！」そう思ったら、ケープから心臓が飛び出そうなくらいドキドキした。そうして出来上がったのは、まんまるヘルメットワカメちゃんであった。癖っ毛の私の髪では、残念ながらどうやってでもモードなツーブロックスタイルにはならなかった。お姉さんの前ではなんとか平静を保っていたけれど、家に帰って鏡に映る自分と向き合った私は号泣した。泣きながらお母さんと一緒にドラッグストアに行き、当時流行っていた２００１という髪が早く伸びると噂のシャンプーを藁をもすがる思いで買ってもらい、修学旅行までの間必死で使った。もちろんそんなにすぐに髪が伸びるわけもなく、憂鬱な気持ちで修学旅行に参加することとなった。数日後、掲示板に貼り出された修学旅行の写真を見たクラスの男子が「ヘルメットかぶった宇宙人が写ってるぞー！」と叫んだ。「私の中学校生活、終わった……」と本気で思った。

　髪を切りすぎて落ち込むという気持ちを紐解いてみる。それは多分、取り返せない時間への後悔と、なりたい自分になれない悔しさだ。毎分毎秒を色濃く生きる中学生の私と、気づいたらあっさり１、2年経ってしまっている30代の私では、流れる時間の早さも精神的ダメージの大きさも全然違うのだろうけど、落ち込む理由はあまり変わらないのだな。苦虫を噛み潰したような顔で集合写真に収まる、ヘルメット頭の14歳の私を思い出したら、なんだかちょっと笑えた。ジョリジョリ気持ちいい刈りたての衿足を、「私は短いの、好きだよ」と言いながら、友だちが面白がって触ってくる。その言葉が、案外大きな救いとなっている。遥か彼方にいる三つ編み姿の私に、いつか会える日は来るのだろうか。「うん。やっぱり今度こそ伸ばそう！」と、１００万回目の誓いを立てるのだった。

34 おさるミッション

一歳半になるわが家の〝おさる〟ことイコ坊は、最近「おさるのジョージ」に夢中だ。Eテレの幼児向け番組をつけても、すぐに飽きておもちゃで遊び始めたりするのだけど、ジョージだけは別格。土曜の朝にジョージが始まると「ジョジ！　ジョジ！　ジョジー!!」と全力で叫び、まばたきもせず夢中で見入っている。オープニングでジョージのほかに犬や猫やハトなどの動物たちが次々と出てくるのを待ち構えながら「ジョジ！　ワンワン！　にゃにゃ！　ジョジー!!」と鼻息荒くコールをし、ジョージの声に合わせて「あうー！」と叫んでいる。日本語よりも先に、さる語を喋り始めたらどうしようと、少々心配だ。ちなみに、ジョージは人間の言葉を理解はしているけれど話せない。かわりに岩崎良美さんがジョージの気持ちをナレーションで代弁している。岩崎良美さんの声は、今や「タッチ」よりも、ジョージの心の声というイメージだ。ジョージの何がそこまでイコ坊のハートに刺さったのかはわからないけれど、ジョージと一緒に笑ったり困ったりしている姿を見ていると、イコ坊はジョージを自分の分身のように感じているのではないかと思う。サイズ感も一緒で、常に犬と猫がそばにいるところも一緒だから、きっと他人とは思えないのだろう。朝目が覚めた瞬間、「まま（小声）、ぱーぱ（小声）、ジョジ!!（大声）」と叫ぶほど、ジョージ愛はどんどん大きくなっている。そんなイコ坊を喜ばせたくて、ジョージのポシェットやらTシャツやらをせっせと集めてしまい、あんなに「キャラクターものは苦手」とか言ってたくせに、今やわが家はジョージだらけだ。幸いジョージグッズは茶系であり、わが家のインテリアや私のワードローブにうまいことなじんでいるので、まあヨシということにしている。

ジョージをお手本に生きているイコ坊は、まさに〝知りたがりやのおさる〟といった感じで、ソファーを滑り台に見立てていろんな体勢で転げ落ちてみたり、あらゆる高い場所に登ってみたり、家中の引き出しを全部開けてみたりと、あっちこっち冒険するのに忙しい。5月の10連休、夫は仕事だったのでイコ坊を連れて実家に帰省することにした。好奇心の塊を連れて新幹線の旅。これは存分に対策を練らねばなるまい。お昼寝してくれたらいいけれど、なんとか確保できたのは午前中のチケット。これはおそらく寝ないであろう（お昼寝はランチの後と、おさるは決めている）。というわけで、最近ブームのシールをたくさん用意し、ランチ用に好物のハンバーグを仕込み、新しい絵本を用意しておくためにイコ坊を連れて本屋さんへ。なるべく長く飽きずに遊べそうな仕掛け絵本を吟味していると、後ろでドサドサと本が落ちる音が。おさるが崩した本を並べ直しておさるを追いかけると、またもや向こう側の棚で本が落ちる音。ベビーカーに乗せてこなかったことを悔やみつつ、おさるを小脇に抱え、お客さんや店員さんに謝りつつ、とりあえず手に持っていた絵本を急いで購入してお店を後にする。ふー。準備の段階で、ひとしきり疲れた。

当日の朝。お弁当箱におにぎりとハンバーグを詰め、好物の海苔をジッパー付き保存袋に入れて、シールに色鉛筆に新しい絵本も入れて、パンパンになったリュックを背負い、おさるをベビーカーに乗せていざ出発。そしたらなんとおさる、駅に向かう道すがら、ぐうすか寝てしまうではありませんか。そして、品川に着いた瞬間元気にお目覚め。これはもう絶対に新幹線で寝ないパターン。微かなお昼寝への期待も崩れ去り、肩を落としながらキオスクで飲み物を選んでいると、いつの間にかおさるがうどんを抱きしめて離さないので、しょうがなく買うことに。余裕を持って家を出たので、発車までしばらく待たねばならず、もちろんその間おとなしくベビーカーに乗っていてくれるわけもなく、おさるを降ろして散歩する。あらゆるグッズは、なるべく乗車後に取っておきたかった。常に前のめりで小走りなおさるのエネルギーを乗車前になるべく発散させ、いざ乗車。

おさるを小脇に抱え、素早くベビーカーを畳み、リュックを網棚に載せて席についてふうと一息……つけるわけもなく、おさるは膝の上からするりと軟体動物のようにすり抜けていく。イコ坊は赤ちゃんの頃から膝の上でおとなしく座っている子ではなく、ウロウロ歩いて景色を変えないと文句を言うタイプだった。ちょっとでも座ろうもんなら「あう！（立って！）あうあうー！（歩いて！）」と苦情が来る。膝の上でニコニコおとなしく座っている赤ちゃんが神様のように見えて仕方がなかったけれど、これはもう性格なのだから仕方ないと諦め、立って抱っこしたままお茶を飲んだりしていた。

さて、ひと眠りしてスッキリ元気なおさると、品川から名古屋までの1時間半一本勝負。まずはシール遊びから。せっせと剥がして自分の顔に貼り、私の顔やら体に貼り、飽き始めたところですかさず仕掛け絵本を渡す。しばらくいじくって遊んでいたけれど10分も持たず、次はお絵かき。これも数分で飽きてしまったので、車内を散歩。デッキで同じぐらいの年頃の子を歩かせていたお母さんが笑って会釈してくれたのが嬉しくて、「お互いお疲れ様です」の意を込めて会釈を返す。散歩から戻ったらお次はお弁当。好物のおにぎりとハンバーグを渡し、しばし一息。好きなものを食べている間はわりと食べることに集中してくれるので、これでしばらくは持つはず。私のお腹もぐうと鳴っていたので、思考回路が停止した状態でうどんの封を開けてしまう。麺につゆをかけながら「あれ？　私なんでわざわざこんな無謀なミッションに挑もうとしてるんだ？　これ、絶対危険なやつじゃないか」と後悔するも後戻りもできず、超高速でうどんをすすった。途

中、おさるがテーブルの下を潜り抜けようとするのを片手で捕まえ、片手でうどんの容器を支え、保存袋から海苔を出しちぎって少しずつ与えながらなんとかうどんを食べきった。ものすごい達成感だった。なんだかんだで、一番間が持ったのは焼き海苔であった。食後再び車内を散歩して、トイレでオムツ替えをして席に戻って来たところで試合終了（到着）のアナウンスが流れ、ふ～と大きなため息が漏れた。

新幹線から降りてベビーカーに乗せた途端、おさるは再びぐうぐう眠り出した。そうだね。ランチのあとだもんね。おさるが寝た瞬間、私のまわりには穏やかな空気が流れ、肩の力が一気に抜けてゆく。一本勝負の勝敗はわからないけれど、帰りは絶対に午後イチの便を取ろうと心に決めた。駅のトイレで用を足し、ふと鏡を見るとジョージのシールが頬にぺったりくっついたままだった。あのお母さんが笑ったのは、コレだったのだな。静かにシールを剥がし、すやすや眠るおさるのほっぺに勝利の証しとして貼っておいた。

35 私の好きな私

私はおしゃれをすることが好きだ。おしゃれに目覚めた中学生ぐらいの頃から今に至るまで、いろんな洋服と出合ってきたし、いろんなファッションにも挑戦してきた。だけど、物として大好きなのに、どうやっても自分になじまないものがある。バレエシューズとか、スキニージーンズとか、白シャツなんかがそうだ。さらりと白シャツが似合う人に憧れて、これまで何枚も白シャツを買ってきたけれど、なんだかどうやってもしっくりこない。まわりの人には「似合ってないことはないよ」と励まされるし、自分自身白シャツへの憧れをなかなか捨てられず、いろんなタイプのものを買ってはトライしてみるのだけど、やっぱり着ていて落ち着かないというか、白シャツを着ている自分があまり嬉しそうではないのだ。似合う、似合わないとはまた別問題で、着ていると嬉しくなるかどうかって、とても大切。そんなわけで、最近は開き直ったかのようにいつも似たような格好をしている。洋服を買わなくなったかといえばそんなことはまったくなくて、むしろ同じような方向性のものばかりがどんどん増えている。まわりからは「またこの間と同じ格好している」と思われているかもしれないけれど、そんなの全然へっちゃらだ。オーバーオールや、動物プリントのTシャツ、ヴィンテージのレース、パッチワークや刺しゅうのアイテム、タートルネック。偏りまくった〝好き〟と共に過ごしているときの私はとても上機嫌で、いい顔をしている。背伸びをしたり、世界を広げることに意義を感じていた頃もあったけど、私はそれを前向きに諦めた。そしたらとても楽になった。究極のところファッションって、その物が好きということよりも、それを着ている自分が好きかどうかのほうが重要な気がしている。自分を肯定できる服、自分でいることが嬉しくなる服を、いつだって着ていたい。

なぜそんな話をしたかと言えば、最近結婚した友人が、こんなことを言っていたからだ。「その人を好きかどうかよりも、その人といるときの自分が好きかどうか」と。なるほど、本当にその通りだなと妙に腑に落ちた。彼女はとてもやさしい人で、誰かを好きになると全力で相手のことを肯定し、大きな愛とやさしさを惜しみなく注ぐ人だ。それはもともと彼女の生まれ持った性質だと思うのだけど、そんな彼女が旦那様になる人とお付き合いを始めたときの顔を、私は忘れられない。彼女と出会っていろいろな表情を見てきたけれど、その中でも史上最高にかわいくて、スッピンの弾ける笑顔に目眩がした。彼のことが好きなのはもちろんなのだけど、「彼と一緒に生きていく私の人生を最高に愛している！」という感じが伝わってきて、こちらまで嬉しくなった。

そうなのだ。自分自身の人生を愛してる人は、まわりの人も嬉しくさせる。それはやっぱり洋服にもいえることで、たとえその洋服自体がよいものであったとしても、背伸びしていたり、諦めていたり、窮屈だったり、誇示していたりと、何かそこに無理があると心の底から嬉しくはなれないし、まわりの人にも違和感を与える。その昔、憧れのブランドのドレスを背伸びして購入し、精一杯着飾ってパーティに出掛けたことがあった。とてもとても着たかったドレスだったはずなのに、それを着ている自分がなんだかどうしようもなく居たたまれなくて、結局パーティが終わると逃げるように帰宅した。ああそういえばと、私は20代の頃の恋をふと思い出した。その人のことも、その人が生み出すものも大好きで、憧れて、尊敬して、全力で恋をしていた。少しずつ距離が近づいては離れ、近づいては離れ。鳴らない電話をぼんやり見つめ、電話が鳴ったら飛んで行き、そしてまた鳴らない電話を眺める日々。彼のことは変わらずずっと好きだったけど、ひたすらに彼を想う自分のことは好きじゃなかった。近しい友人たちは、らしくない私の姿を静かに心配していた。体も心も行ったり来たりを繰り返す中、夜中に仕事を終えた彼からメールが届いた。私はパジャマを脱ぎ捨ててタクシーに飛び乗った。彼の家に到着し、彼が淹れてくれた熱いほうじ茶をソファーにもたれてふたりですすりながら、彼は私にこう言った。「そのままのあっこちゃんが好きだけど、僕の隣にいると、あっこちゃんらしくなくなる」と、静かに、ゆっくりと、なるべく私を傷つけないように言葉を選んでいるようだった。窓の外がだんだんと白んでくるのと同時に終わりが近づいているのをひしひしと感じながら、それでも私は並んで座るこの時間がやっぱり好きで、なんとか言葉を探そうとしていた。そんな私に、彼はきっぱりと「君じゃないんだ」と言った。こんなにもバッサリと潔く別れを告げられたのは初めてだった。彼のことは本当に物凄く好きで、どうしても隣に居たかった人だったのに、不思議と涙は出なかった。窓の外はもうすっかり夜が明けていて、朝陽が眩しすぎるほどに輝いていた。悲しくて仕方がないのに、なぜだか妙に清々しくて、前向きな気持ちで彼の家を後にした。私にとって彼は、憧れてやまないのに、どうやってもしっくりなじまない白シャツのような存在だった。彼のほうから、「僕は君には似合わない」とはっきり言ってくれたことを、今はとても感謝している。

結婚を報告してくれた友人の眩しすぎる笑顔を見たとき、私はあの日見た朝陽を思い出した。終わりじゃなくて、始まりの日。自分のことを好きでいられる自分でいようと心に決めて、歩き出した日。大げさな話でも何でもなく、あの恋があったから、私は今ここにある自分の人生を愛せているのだと思っている。オーバーオールも、ハロプロも、喫茶店も、家族も。触れると嬉しくなって、自分の人生が丸ごと愛おしくなるものを一生懸命愛でて生きていく。それが私の選んだ幸せだ。

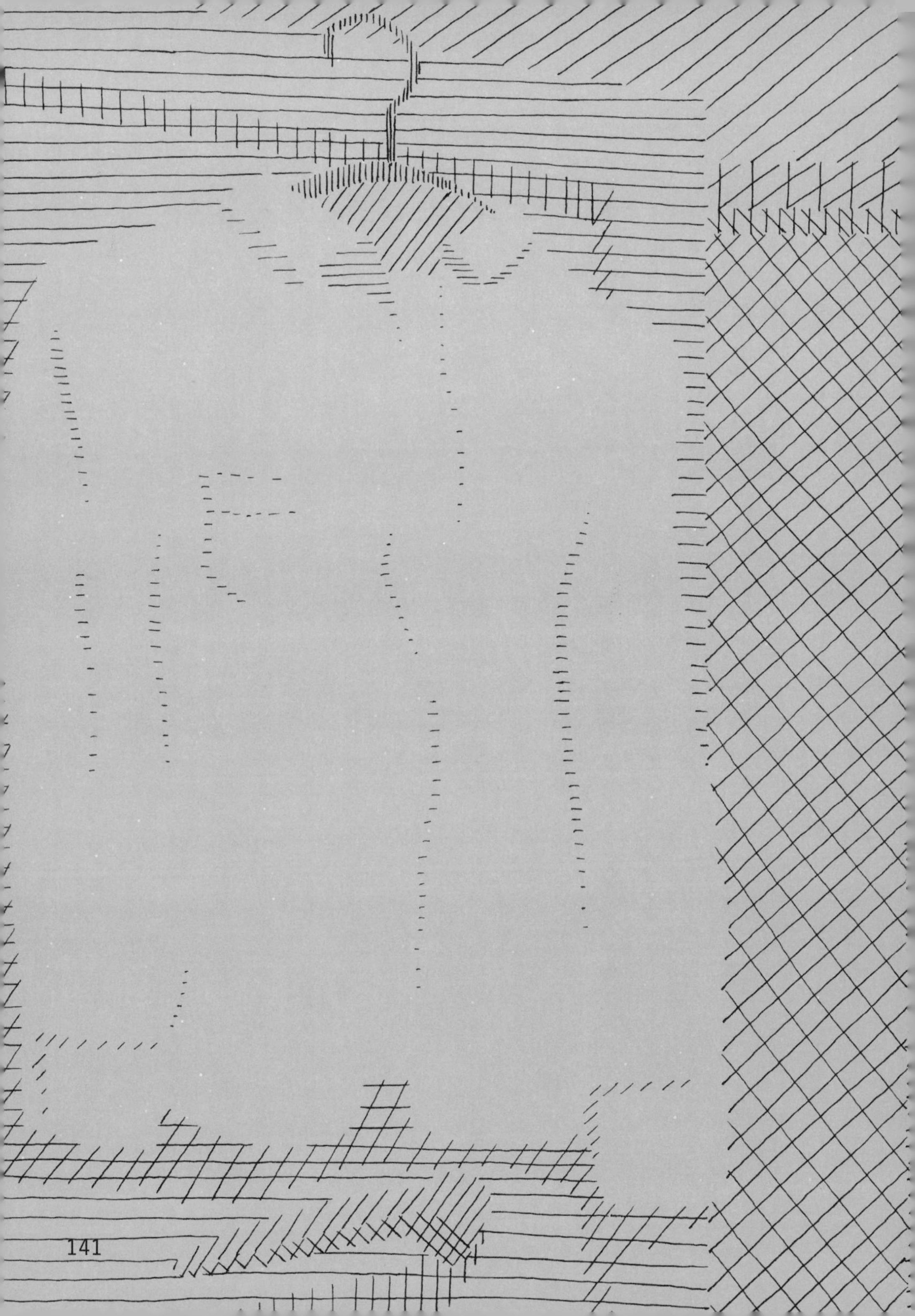

36 傷

〝ダイバーシティ〟という言葉を、ここ最近よく耳にする。直訳すると〝多様性〟。年齢や性別、学歴、国籍などの違いによって人を差別せず、違いを受け入れていこうという考え方、だと理解している。もともとはビジネスの場で用いられていた言葉だと思うのだけど、アンジュルムの『46億年LOVE』という歌の中に〝ダイバーシティ〟という言葉が出てきて、私は改めてこの言葉の意味を考えた。歌詞はこんな風だ。〝誰も彼もきっとちがう同士　わかんなくても当然　ダイバーシティ〟。アンジュルムの前リーダー（2019年6月にグループを卒業）和田彩花さんは、メンバーの個をとても大切にしてきた方で、「私たちは違いを認め合う」という言葉をメンバーや私たちファンに向けて常に伝え続けてくれた。その結果、アンジュルムは他のアイドルグループに類を見ない、個性が爆発した魅力あふれるグループになっていったのだと思う。

ところで、私は「テラスハウス」というテレビ番組が大好きで毎週欠かさず見ているのだけど、もしかしたら私はこの番組のことも、〝ダイバーシティ〟的な視点で見ているのかもしれない。恋愛の行く末を追いかけるのももちろん楽しいのだけど、いろんな価値観を持った人たちが共同生活をする中で、どんな考え方の人がいて、それをどんな風に相手に伝えるのか、どうやって受け取るのか、そしてどう返すのか、はたまた伝えないのか。そんな多種多様な人間模様を興味深く観察している。メンバーのちょっとした言葉に引っかかり、巻き戻してもう一度聞き、「やっぱり今の言葉って結構キツくない？　ちょっと傷つかない？　それとも、傷つくほうがおかしいのかな？」とモヤモヤしながら、改めて副音声を聞いてみると、スタジオメンバーの誰かが自分と同じ部分で引っかかって「今のは傷つくよな」と言っていたりして、なぜだかホッとしたりする。

人の言動に傷つくこと。そんなに多くはないけれど、生きていたらそういう場面ってやっぱり時々やってくる。それが家族であれば、私の場合すかさずその場で相手に伝えてしまう。「今の言い方、ちょっとヤだった」と。すると大抵、「ああ、そんなつもりはなかったんだけど、そう思ったんならゴメンね」と返ってくる。逆に、勢い余ってイヤな言葉を放ってしまうと、一晩中モヤモヤが止まらない。そうして次の日の夕方ごろに「昨日ヤな言い方して、ゴメンね」ともぞもぞ謝ってみたりする。すると大抵「へ？　そんなこと言った？」という言葉が返ってくる。夫がおおらかな性格で、私は本当に救われている。

だけど、それが仕事相手や友だちだと、なかなかそうはいかない。少し前のこと。私は友人に言われた些細な一言がずっと引っかかっていて、消化不良みたいな気持ちを抱えたまま過ごしていた。それを言われたあとも、関係性はなんら変わらず平穏に続いていたのだけど、胸の奥のほうにずっと晴れない靄《もや》みたいなものが立ち込めていて、何をしていても少しだけ憂鬱だった。「絶対に悪気はないし、そんなことで傷つくほうが問題なんだ」と自分に言い聞かせてやり過ごそうとしても、なかなかうまくいかない。困った私はＧｏｏｇｌｅに助けを求めた。〝友人　傷ついた〟と検索窓に打ち込んでみる。こんなところ、誰にも見られたくないなと思いながら見つけたあるサイトに、〝相手の言葉に傷ついたときに、心を癒やす対処法〟が載っていたのでクリックしてみる。「そもそも、人はあなたの期待を満たすために、そこにいるわけではない。相手の言葉は単なるその人の意見であると受け止めること。そして過敏に反応した自分の問題だと知ること」だそうだ。うーん。そんなことはわかっているんだよう……という感じで、当たり前だけど私の靄は一向に晴れなかった。その日の夜、帰宅した夫に私は思い切って話してみた。こんなことで傷ついている自分が恥ずかしかったし、きっと「そんなの、気にしすぎ！」と一蹴されるだろうと思った。むしろ、そうしてほしかった。だけど夫は、私の話をうんうんと聞いたあと、一言「あき坊は、それを言われて寂しかったんだね」と言って笑った。それを聞いて、私は涙がぽろぽろとあふれて止まらなかった。そっか。私、その友だちのことがとても好きで、だから余計に傷ついたんだ。親愛の気持ちから生まれる痛みも、あるんだなぁ。自分の傷口をようやくちゃんと見つめてみたら、そこには血なんて流れていなかった。そうとわかったら、心が一気に軽くなった。涙が霽を洗い流していくようだった。

アンジュルムの歌は、〝誰も彼もきっとちがう同士　わかんなくても当然　ダイバーシティ〟のあと、こう続く。〝傷ついたら「傷ついたよ」と　伝えられたら〟と。傷ついた気持ちを、相手にすんなり伝えられたらいいのかもしれない。でも、それが必ずしも正解ではないような気もする。私は友人に「傷ついたよ」とは伝えなかった。それは本当に本当に些細すぎる一言だったし、こちらの気の持ちようで、たまたま傷ついてしまっただけのこと。でも、ということは。私もそうやって、なんの悪気もない些細な一言で誰かを傷つけてしまっているのかもしれない。ダイバーシティなこの時代。「自分がされてイヤなことはしない」という自分基準だけでは、もはややさしくないのだ。自分にとって平気なことが、誰かにとってはしんどいってことが、大いにある。自分が立っている場所からは見えないような、伝えられない誰かの痛みを、体感することは難しいけれど、想像してみることはできる。それがきっと、やさしい愛のダイバーシティ時代なのだと思う。

37 お茶の時間

私たち夫婦は、わりとよくケンカする。ちょっとした小競り合い的なささやかなものから、日頃溜まっていた鬱憤をドカンとぶちまけるような大きなものまで、程度はいろいろだ。時々、「私たち全然ケンカしないんだよね」っていう夫婦やカップルに遭遇するけれど、それは一体どういう仕組みなのだろうかと思う。よっぽど相性がいいのか、考え方や生活習慣が似ているからなのか。

そもそも、ケンカをするのは疲れる。体力は楽しいことのためにとっておきたいものだ。日々とにかく慌ただしいけれど、お互いが同じ方向を向いていると案外ぶつからないということに気づき、最近はケンカをすることが少しずつ減ってきたような気がする。考え方や生活習慣は違う部分も多々あるけれど、違うなりにきちんとチューニングをしていけば、それなりにいい感じの和音を奏でられるってことがだんだんとわかってきた感じだ。

そんな風に、自分たちなりのやりくりの仕方を少しずつ身につけつつある我々だけれど、数年前に一度だけ、「これはもう本当にダメかもしんない」というぐらいの大きくて深刻なケンカをしたことがあった。どんな内容だったかは今となってははっきりと思い出せないのだけど、気が立っていた私は「もう無理！離婚したほうがいいんじゃないのっ!?」ととっさに口走ってしまった。言ったそばから後悔したのだけど、夫はとても悲しい顔で「そういう言葉を、そんな簡単に言うものじゃないと思う。ちょっとお互い冷静になったほうがいい」と言って家を出て行った。しんと静まり返った家に取り残された私は、体操座りで次から次へと溢れ出る涙をぬぐいながら、夫が存在しない自分の人生について考えた。それはもう恐ろしいほどつまらなくて味気ないもので、私はきっと耐えられないだろうと思った。そうして次に浮かんだのが、仙台のお義母さんの顔だった。夫ともしも離婚することになったら、お義母さんとの関係も断ち切られてしまう。笑顔で「あきちゃん」と呼ぶお義母さんの声を思い出し、あの笑顔にもう会えなくなるかもしれないと想像したら、胸が苦しくてたまらなくなった。夫との離婚の危機を免れたのは、実はお義母さんの存在も大きかったような気がしている。

先日、フジロックで夫が不在の間、お義母さんが仙台からはるばるやってきてくれた。孫のイコ坊に会うのは半年ぶりだろうか。ちょうど昼寝に突入してしまったため、忍び足で部屋に入り、大の字でスヤスヤ眠るイコ坊の顔をとろけるような笑顔で眺めるお義母さん。「片付いてなくてスミマセン」と言うと、「いいのよいいのよ、もうこの部屋全部がかわいくて幸せ」と言いながら、イコ坊が散らかしたおもちゃを嬉しそうに手に取っていた。絨毯に大胆に描かれたイコ坊の落書きをお義母さんが見ていたので、「それ、消さなきゃと思ってて」と言うと、「あらあ、消さなくていいじゃないの。こういう柄みたいで素敵じゃない」と笑う。ああ、お義母さんがわが家にやってきたなと、忙《せわ》しなかった気持ちが一気に和らいだ。

「そうだ、これね」と言いながら、お義母さんはテーブルの上にどさどさとお土産を並べ始める。クッキーにビスケット、パイにおせんべいに、笹かまにコーヒー豆。ガラガラと引っ張ってきたキャリーバッグの中身は、ほとんどお土産で埋まっていたのではなかろうか。「さっ、イコちゃん寝てる間に、お茶でも飲みましょうね」と言って、台所に立ちテキパキお茶を淹れてくれた。

梅雨明け目前の暑い日だったけれど、お義母さんが淹れてくれた熱いお茶は、クーラーで冷えた体に気持ちよく染み渡ってゆく。イコ坊が描いた絨毯の模様を眺めながら、「わたるくん（夫の名前）の描いた絵やら作文もね、ぜーんぶ取ってあるのよ。いつかちゃんとまとめて、本人に渡そうと思ってるんだけどね」と、お義母さんはこっそり教えてくれた。夫は3人兄姉の末っ子で、「あまり構われた記憶がない」といつも言っているけれど、そんなわけないに決まっているし、夫のイコ坊のかわいがり様を見ていたら、たくさん愛情を受けて育った人に違いなかった。

「ふたり（私と夫）がね、イコちゃんが生まれてしばらく経った頃、自分たちはこの子のファンなんだって言ってたでしょ。私あれすごく素敵だなと思って。私は子育てしてるとき、毎日のことをこなすのに必死で、子どもはかわいかったけど、そんな風には思ってなかったなぁって」と、言った私ですらすっかり忘れていたことをお義母さんは話してくれた。イコ坊はもちろん私たち夫婦の一番の〝推しメン〟だけど、最近は活発さやイヤイヤが日々増幅し毎日がドタバタの連続で、大事な根っこの気持ちを忘れていたような気がした。

　お茶をすすりながら、そんなたわいもないおしゃべりをしていたら、イコ坊がモゾモゾと目を覚ました。「イーコーちゃん、おーはよう」と話しかけるおばあちゃんを、目を瞬かせながらしばし見つめていたイコ坊は、すぐにおばあちゃんの腕の中に飛び込んでいった。私たちがお茶をしていたのに気づき「ちゃ！ちゃ！」と叫ぶので、イコ坊も交えて3世代でのお茶タイムが始まる。イコ坊は牛乳、私たちは熱いお茶で何度もパンカイ(乾杯)した。私とお義母さんは血の繋がりがないけれど、イコ坊とおばあちゃんはぎゅっと繋がっていて、だから私とお義母さんも繋がっている。こんな素敵な人と繋げてくれたイコ坊と夫に、私はとても感謝している。来月は私たちが仙台に行く予定だ。どんなお茶菓子を持っていこうか。それを考えるのが今一番の楽しみだ。

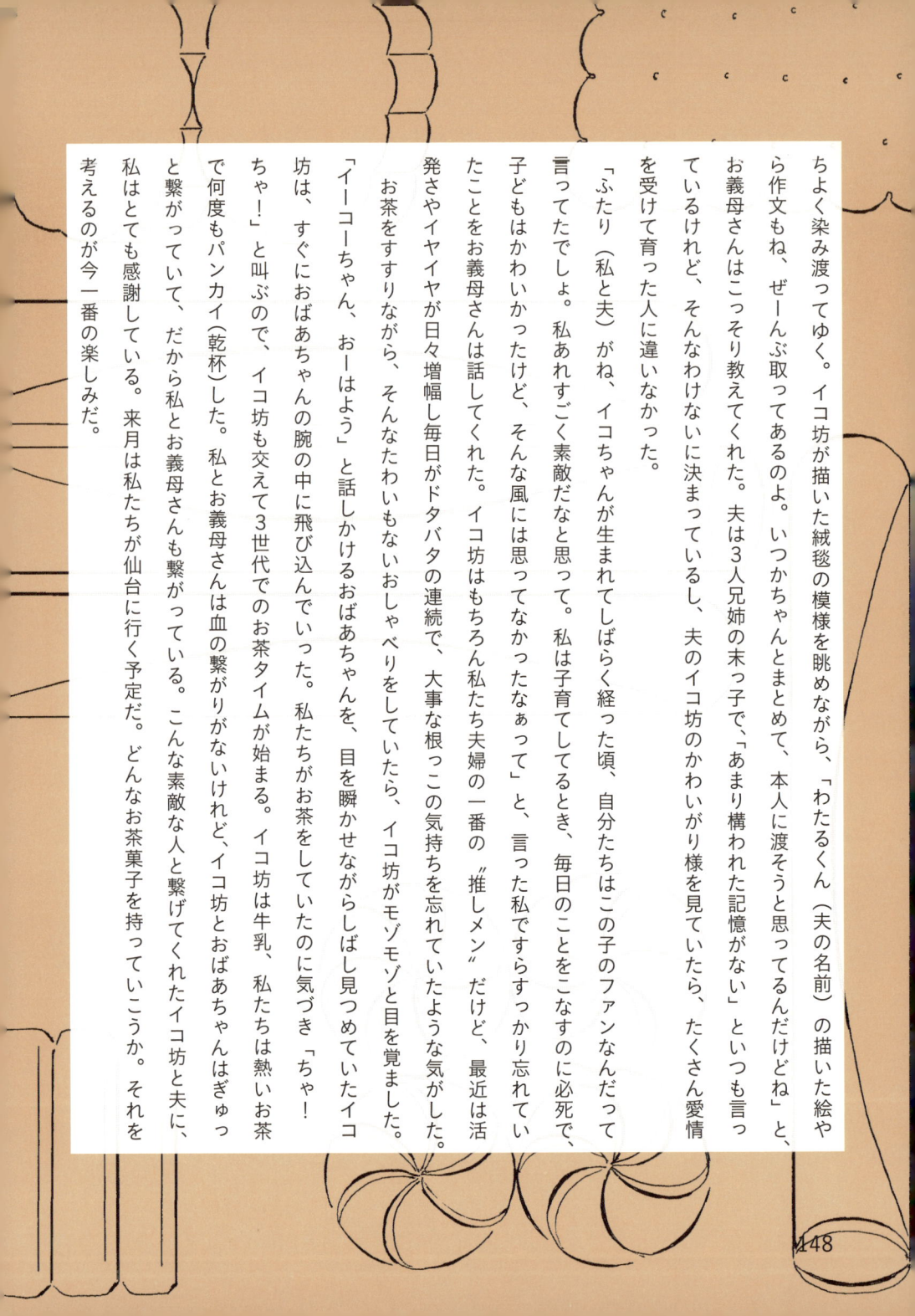

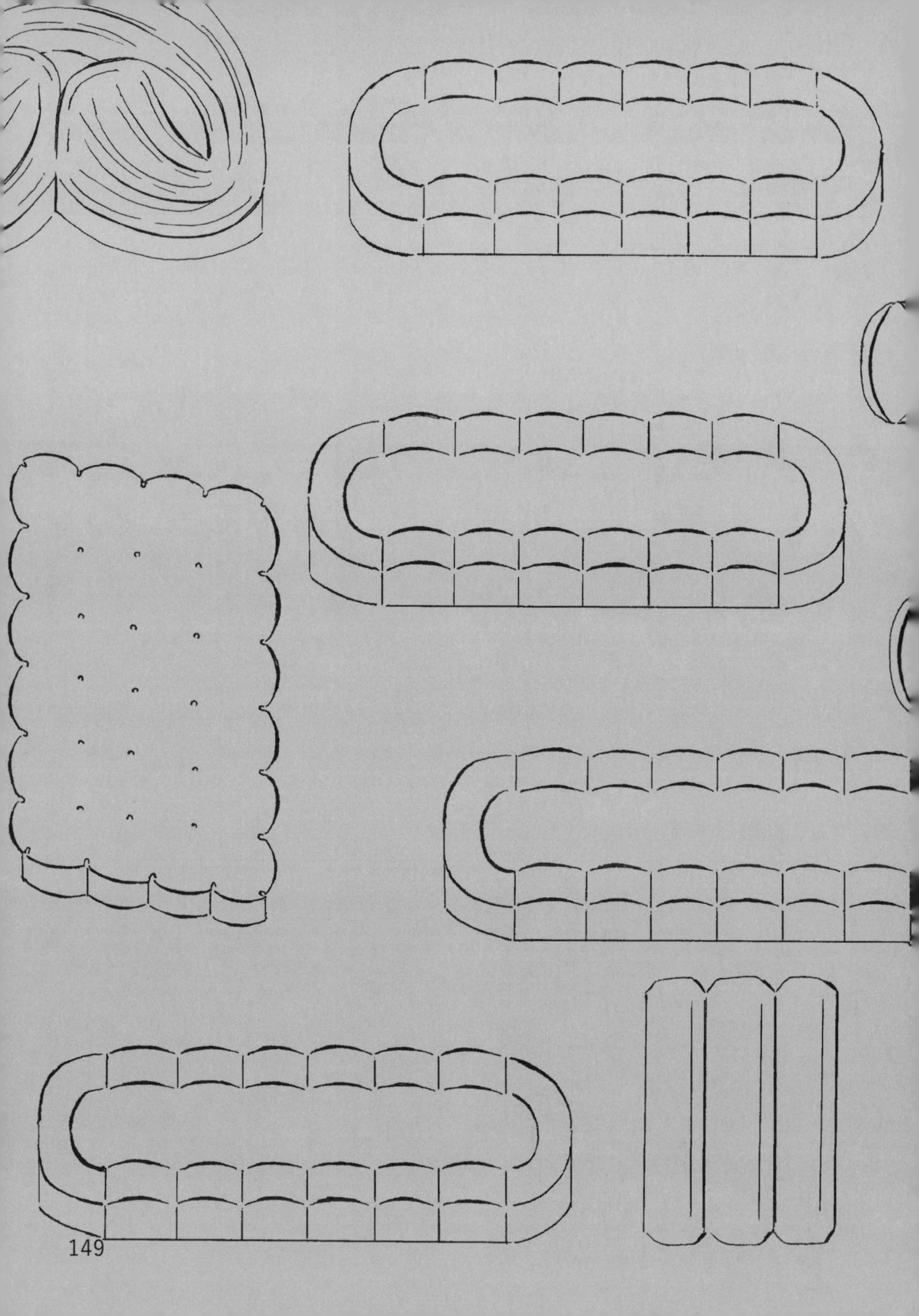

38 過去のある女

「君は、人に昔話をするタイプの人間かい？」

これは、とある打ち上げの席で夫が高畑勲監督から問われた言葉である。夫はあまり深く考えず、「そうですねー、昔の話、結構しますねー」と答えたところ、監督から「僕はしない。昔話より未来の話をしなさい」と言われたそうだ。その話を夫から聞いた私は、なんだかガツンとハンマーで殴られたような、それと同時に妙に励まされるような、不思議な気持ちになったのを覚えている。過去に想いを馳せ、丁寧にすくい取り、慈しみ抱きしめるような、そんな作品を数多く生み出してきた高畑監督が、昔話をすることを嫌い、未来を語ろうとしている。そのことに私は静かに感動し、そして少し自分を恥じた。

そうなのだ。私は結構昔話をするタイプの人間なのだ。正確には、人に話すというよりも、過去に思いを馳せたり、過去の記憶を文章にすることが多い。自分でもなぜだろうと思う。過去に未練があったり、後悔があるわけではないし、「あの頃はよかった」と昔をもてはやし称えることはどちらかといえばナンセンスだと思っている。それでも、定期的に過去を振り返ることをやめられないのは、なんというか、確認作業のようなものなのかもしれない。今、自分が立っている場所を確かめるための。

ぼんやり考え事をしているときに、ふと過去の記憶が入り込んできて、そこから芋づる式にいろいろなことを思い出すなんてこともよくあるけれど、意図的に過去に浸ってしまうときもたまにある。今年のお正月、実家で高校生の頃の手帳を発見し、うっかり読み始めてしまった。手の中にすっぽりと収まる小さな手帳の中には、思春期のワクワクや葛藤、願望や羨望、喜びや挫折、期待やもどかしさといった、ありとあらゆる感情がぎゅっと詰まっていて、もうもだえそうなぐらい恥ずかしくて、同時に16歳の自分を抱きしめたくてたまらなくなった。片思いの人に週末会えることになった日の日記に、「早く！早く!!早くー!!!だけどその前にストパーかけるんだ!!」とものすごく力強い筆跡で書かれていて、このときかけた強力なストパー（当時流行っていた縮毛矯正）に失敗して、激しく落ち込んだときの苦い気持ちが昨日のことのように蘇ってきた。モデルを始めた頃の日記には、自分だけ写真が小さかったときの悔しさや、ポージングがうまくできないもどかしさ、初めてひとりで一か月コーディネートをやることになったときの喜びなどが綴られていて、不安も喜びも今とは比べものにならないほど鮮明だったなあと、なぜだか少し寂しい気持ちになった。

さらに遡り、幼少期のアルバムを引っ張り出してみた。私は次女なので衝撃的に写真が少なくて、どの写真ももう何万回も見たものなのだけど、それでも見るたびにちょっとした発見がある。母の手から逃れ駆け出そうとしたり、強がって一人で遊園地の汽車に乗るしかめっ面の私は、今のイコ坊にそっくりだった。今のところイコ坊はどこに行っても誰に会っても「お父さんにソックリ!!」としか言われないのだけれど、小さい頃の写真を見ると夫よりも私の幼少期のほうに圧倒的に似ていて、だけど私と夫が似ているわけでは決してない。遺伝子って本当に不思議だ。

実際のところ、過去を振り返ったって何も生まれない。そこに未来への眼差しがなければ、クリエイティブとはいえないんじゃないか。高畑監督は、そう言いたかったんじゃないかと思う。それは重々わかっているのだけど、やめられないのはなんでだろう。

先日私は、うっかりパンドラの箱を開けてしまった。昔使っていた携帯電話の電源を入れたのだ。きっかけは夢だった。輪郭ははっきりしないのだけど、なんだかとても懐かしい人たちがそこにいて、夢から覚めたあとなんとなく眠れなくなった私は、衝動的に昔の携帯を引っ張り出してきたのだった。つい数年前の携帯には、懐かしい人たちとのメールのやり取りが残っていた。携帯を新しくしてからなんとなく連絡しないまま関係が途絶えてしまっている人の中には、当時仕事でお世話になっていた人や、何かのきっかけで急に仲良くなった人、気にはなっていたけれど恋にすらならなかった人などがいて、なんだか少し後ろめたいような居たたまれないような気持ちが込み上げてきた。当時のやり取りの中には、穴があったら入りたいほど恥ずかしい文面もあったりして、あの頃の自分のほっぺたをむぎゅうとつねりたくなってしまった。ほんの数年前の自分の姿なのに、どうしてこんなにも恥ずかしいのか。人は生まれながらに、恥をかきながら生きている生き物なのか。どれだけその瞬間を一生懸命に生きていても、それが過去になった瞬間、そこにはどうしようもない恥ずかしさが漂ってしまう。もう、本当に私ってやつはと呆れてしまう。それでもこの恥ずかしい過去も含めて私なわけで、それがなかったら今の私がいないのも事実だ。

高畑監督の遺作となった『かぐや姫の物語』の主題歌『いのちの記憶』にはこんな歌詞がある。

〝いまのすべては　過去のすべて〟　〝いまのすべては　未来の希望〟

真っ暗な部屋の中で、私は静かに古い携帯の電源を落とし、隣で寝息を立てているそっくりなふたつの寝顔を交互に眺めた。私のありとあらゆる過去をぎゅうーっと煮詰めて現れた、この今という時間も、どんどん過去になってゆくのだ。だからひとまずここらで過去を振り返るのは一旦やめにしよう。何年かあとにそのアルバムを開いたとき、笑ってページをめくれるように、そんな未来のために、毎日を一生懸命生きなければ。人生は前にしか進まないのだから。

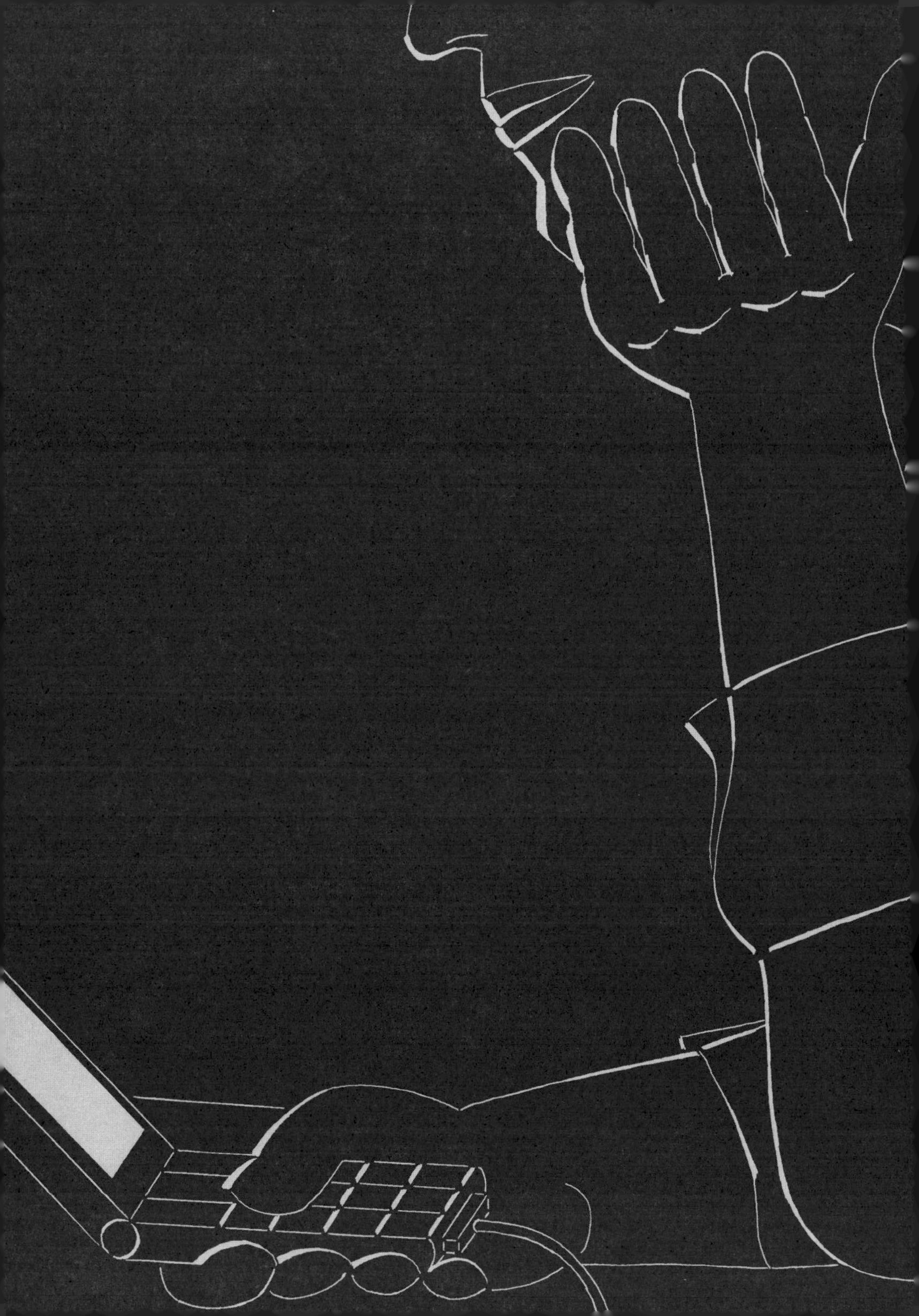

39 隣の芝生

とある休日のこと。イコ坊と公園に行っていた夫が何だかしょんぼりしながら帰ってきた。ことの流れは、こういうことだった。その日、公園にはイコ坊と同じぐらいの年頃の子が集まっていたのだけど、ペラペラと上手におしゃべりしている子ども達を見た夫は「すごいなー、うちはまだ全然だなあ」と呟いたそうだ。すると近くにいたどこかのお父さんが、「両親の会話が多いと、おしゃべりも上手になるみたいですよ」と夫に言ったのだそうだ。その一連の話を聞いた私は、最初は特になんとも思わなかったのだけど、時間がたつに連れ、だんだんとモヤモヤしてきた。その知らないお父さんはなんの悪気もなく言ったのだろうけど、暗に子どもの言葉が少ないのは家庭での会話が少ないからだと言われたようで、なんともやるせない気持ちになった。

間もなく2歳になろうとしているイコ坊は、体格も大きめで、歩くのも、走るのも、あらゆる面で成長が早いほうだと思っていたのだけど、おしゃべりはかなりゆっくりで、今はっきりと言えるのは、「パパ、ママ、わんわん、にゃにゃ、ちょちょ（蝶々）、ぱっぱ（ふりかけ）、ばぁ（ぞう）、ばぷ（バク）、つつ（靴）、あいじょー（はいどうぞ）、あっち、ばばーい（バイバイ）」ぐらいだ。もともと私も夫もおしゃべりなほうだと思うのだけど、イコ坊の言葉がたくさん出るように、犬猫も交えていろんなおしゃべりをしているわが家。テレビは一方通行の情報なので見せすぎないようにしたり、絵本もたくさん読んだりと、おしゃべりのプラスになるようなことはなるべく意識してやっているけれど、こればっかりは個人差のような気がしていた。

テレビばかり見ていてもおしゃべりな子はいるし、女の子が必ずしもおしゃべりが早いとは限らない。言葉は少ないけれど、こちらが言っていることは大体わかっているし、おさるのジョージに関してはレアキャラも含めほとんどの登場人物の名前を把握していて指さしで教えてくれるので、実際のところ私はそこまで気にしていなかったのだけど、意外にも夫はかなり心配しているようだった。

イコ坊を連れて誰かに会うとき、夫は必ず「うち、しゃべりが遅いんだよね」と枕ことばのように言う。指摘されるのが怖くて、先まわりして自分から言い訳のように言っちゃう気持ちはわからなくもないのだけど、遅いっていうのは結局まわりと比べてるってことで、このぐらいの時期はいろんな成長の仕方があるだろうし、早い遅いを気にしたって仕方のないことだと私は思っていた。ところが夫の心配は私の想像以上だったようで、ある日子どもの発達に関して書かれた本を買って帰宅した夫は、イコ坊にあれこれ当てはまるんじゃないかとオロオロしていた。夫婦っていうのは、どちらかが平静を失えば失うほどもう一方は冷静になるらしく、私はその本を読んでも、一緒になって戸惑うということはなかった。それは、「イコ坊は大丈夫だろう」という呑気な気持ちというよりも、「たとえ何かあったとしても、目の前にいるイコ坊がイコ坊であることには変わらないのだから、オロオロしたって仕方がない」という気持ちのほうが大きかった。

結局、夫の希望で区の発達相談にイコ坊を連れて出かけることになった。予約の電話をしてから実際に行けたのは約2か月後。その間に言葉が増えるんじゃないかなと思っていたけれど、イコ坊のボキャブラリーは相変わらずな感じだった。名前を呼ばれて部屋に入ると、年配の保健師さんが笑顔で迎えてくれた。「何が心配かしら?」とやさしく聞かれ、あれこれ話す夫の言葉に相づちを打ちながらイコ坊のことをやさしく見つめていた保健師さんは、「今の段階では、特に気になる感じはしませんよ」と言った。目の前に並んだ動物の積み木の中からさるを選び、自慢げに保健師さんに「ジョージ!」と見せびらかすイコ坊から積み木を受け取った保健師さんは、「こうやって、一生懸命彼女なりに伝えようとしてるでしょう。今はそれで充分よ。それに、心配しすぎるのは悪いことではないわよ。おおらかに子育てすることはもちろん大事だけれど、楽観的すぎるよりはよっぽどいいわよ」とやさしく話してくれた。少し安心した様子の夫は、動物積み木を握りしめるイコ坊に、「それはなあに? これは?」と話しかけだした。すると保健師さんはクスッと笑いながら、「お父さんは、ちょっぴり教育パパタイプなのかもね」と言った。「そうやって無理に引き出そうとすると、逆に言いたくなくなっちゃったりするものよ」と。なるほど、そう考えるといろいろと納得できる。イコ坊の脳内では、もうすでにあらゆる世界が広がっていて、本人としてはわかりきったことをしつこくアレコレ聞かれたら、そりゃあイヤにもなる。大人だって、同じことを何度も言われたら「わかってるよもう、うるさいなあ」って不機嫌になったりするもんだ。

あれからイコ坊の言葉は相変わらずあまり増えないけれど、何やら長い呪文のような言葉を唱えることが増えてきた。こういうのって、親なら何を言っているのかわかるもんだと思っていたけれど、正直わからないことのほうが多い。「あじゃじゃーじゃぁ」が「お茶ちょうだい」の意味だということを、最近ようやく理解したところだ。

子育てにおいて、〝比べる〟ことはナンセンスだと潜在的に理解しているつもりでも、それでもやっぱり無意識に比べてしまうことはある。SNSでイコ坊と同じ年頃の子が上手に歌を歌っていたり、器用にお箸を使っていたり、トイレを教えたりしているのを見ると、「早いなあ、すごいなあ」と一瞬思ってしまうのが正直なところだ。だけど、成長のスピードも、できる・できないも含めてその子の個性で、その個性がまるっと愛おしいのも事実。何かができるようになったらそりゃあ嬉しいし、できなくて苦戦する姿も愛おしい。「あじゃじゃーじゃぁ」が聞ける今の時期を思う存分愛でなければ、もったいない。

できる・できない問題は、きっと子どもが成長するにつれて、これからもっともっと増えていくのだろう。7の段の掛け算、単位の変換、後ろ二重跳び、何にもつかまらずに一輪車に乗ること。子どもの頃できなかったことって、今でもよく覚えている。できないことが悔しくて、できる友だちが羨ましくて、こっそり隠れて必死で練習した。おでこに当たった縄跳びの痛みは、目をぎゅっと瞑れば今でもはっきりと思い出せる。〝できないこと〟って、きっと大人よりも子どものほうが敏感で、誰かに指摘なんてされなくとも自分自身がイヤってほどわかっているものだ。だからこちらは、余計なお節介はせず見守りたいなと思う。自分の親がそうしてくれたように。手放しで一輪車に乗れたあの日、私は一目散に台所にいる母のもとに走った。そこには、まるで自分のことのようにガッツポーズで喜ぶ母の笑顔があった。それさえあれば、きっと充分なのだ。

40 沼

一度ハマったらなかなか抜け出せなくて、もがけばもがくほど深みにハマってしまい、いつの間にやら出口が見えなくなって、だけど気づけばなんだか居心地が良くなって、抜け出す気すらなくなってしまう。それを我々は沼と呼んでいる。

何かに没頭したり夢中になったりすることは、きっと誰にでも経験があると思う。それは例えば手芸であったり、漫画であったり、料理であったりと、人それぞれいろいろだと思うのだけど、ただ単純に何かにハマるのと、沼にハマるのとでは、少々意味合いが違ってくる。沼の住人になる人は皆、探究心が異常に旺盛だ。我も生活も忘れ、理性を失って自ら深みにハマりに行ってしまう。平たくいえば、オタク気質であることが一番の特徴だと思う。

私が長年どっぷりハマって抜け出せなくなっている沼は、ご存知の通り（?）ハロプロ沼である。ハロプロは歴史が長い上に、グループの数も多く、さらにオーディションや研修生制度、卒業・加入システムがあるため、日々目まぐるしく変化してゆく姿から一瞬たりとも目が離せない。コンサートに行ったり、楽曲を聞いたり、メンバーのブログをチェックするのは当然の日課として、さらに定期的に過去のDVDを見返したりもするので、とにかく忙しい。沼から出ようと思ったことがないわけではない。かつて不動のエースと呼ばれたモーニング娘。の鞘師里保ちゃんが卒業したときには、「私もう生きていけない、そろそろ沼から出るときなのかも」と一瞬思ったのだけど、ハロオタの友人から、「鞘師が加入した5年前に遡って時系列順に見返していけば、あと5年は生きられるよ」と言われて、なんとか生き延びた。そうこうしている間に新しいメンバーが加入し、彼女たちを応援することで私は再び生きる力を取り戻した。沼の中で、縦横無尽に時空さえ飛び越えて彷徨う我々は、もはや不死身だ。

そんな私が今、新たな沼にハマりかけている。それはGYAO!で配信されているPRODUCE 101 JAPANという番組だ。もともと韓国で制作されていたオーディション番組で、101人の練習生が切磋琢磨しデビューの座を争うというもの。私はつい最近までこの番組の存在を知らなかったのだけど、ハロオタの友人に勧められて見始めたところ、まんまとハマってしまった。まず、日本版の司会がナインティナインのお二人という時点で、かつてのASAYANを見ているようでワクワクする。さらに練習生のダンスや歌の指導にあたっているトレーナー陣の中にBOSEさんと菅井先生がいるというのが、個人的胸熱ポイントだった。菅井ちゃん（男性だけど、そういうキャラ）は、ハロオタにはもはや説明不要のボイストレーニングの先生で、かつてのモーニング娘。や松浦亜弥ちゃんのボイトレを担当していた方なのだけど、とにかく教え方に並々ならぬ熱量と厳しさと愛がこもっている。オーディションに残った最終メンバーに対し、「アタシはね、モーニング娘。が大好きなの！彼女たちのキラキラした姿の裏に、どれだけ辛いものがあるかわかる!?」と涙を流しながら叱咤する姿はいまだに忘れられない。そんな菅井ちゃんが関わっているという時点で、見ないわけにはいかなかった。

しかし、そもそも私は、ハロー！プロジェクトが好き！というだけで、アイドルが好きなわけではなく、これまでの人生で男性アイドルにハマったことは一度もない。K-POPもほぼ聞いたことがなく、そういったテンションのものに対する免疫は持ち合わせていなかった。だから初めて番組を見たときは、日本人の男の子たちがお化粧をしている姿に面食らってしまった。「え？今の若い子ってみんなこんな感じなの？韓流スターみたいじゃない？」と最初は戸惑ったけれど、見続けていると10代20代らしい等身大の表情が見えてきて、表面的な印象はわりと早々に気にならなくなった。中には、純朴そうな田舎の男子高校生って感じの子もいて、学ランを着て田舎道をママチャリで走る姿が映し出された瞬間、「こんなん、応援したくなるに決まってるやん」と一瞬で心奪われてしまった。ダンスバトルで大技を決めた子に対し、ライバルであるにも関わらず全力で沸き立ち歓声を送り合う姿はまさにスポーツマンシップという感じがするし、生意気で印象の悪かった子が実は誰よりもひた向きに特訓していたり、「え？キミ正直アイドルって雰囲気じゃないよね？」っていうお笑い担当みたいな風貌の子が、実はものすごく胸を打つ歌声を持っていたりして、さらにそんな彼がお客さんによるボーカル審査の際、彼より断然カッコよくて歌もそれなりに歌える子がいる中でちゃんと1位を獲得していたりして、そういう真っ当な誠実さに出会うたびに胸が熱くなった。

もし私がこの番組を見ていなかったら、今回オーディションで選ばれた子たちがこれから先デビューして素晴らしいパフォーマンスで巷を賑わせたとしても、正直そこまで興味を持たなかったと思う。例えば、Nコン（NHKが主催する合唱コンクール）で本番の映像だけを見るよりも、学校での練習風景を併せてみることによって、何倍も感情移入できるのと同じで、そりゃあもちろん圧倒的なステージを見たら感動するし、頑張っている裏の姿を見せることが美徳だとも思わないけれど、だけどやっぱり人間性を知るからこそ、より深く応援できるのだと思う。

この番組は、とにかく構成や見せ方がうまい。101人をレベルごとにクラス分けし、さらに再テストによってクラスが上がる子もいれば、急降下する子も出てくる。トレーナーの先生は厳しいことも言うけれど、努力して成果を出した子は正当に評価する。だけど、そうやってシビアに自分を評価されることなんて人生の中でなかなかない経験だ。合宿は日本を離れ韓国で行われていたようで、緊張とプレッシャーとホームシックでギリギリな状態の中、日本で応援する親に電話をかけるくだりは、もうたまらなかった。どんなにカッコつけていても、お母さんの声を聞いた瞬間泣いてしまう子がほとんどだった。「うう……かあさんのご飯が食べたい……」と泣くいい歳した男の子たちを見ながら、私もつい泣いてしまった。もしも息子がいたら、こんな気持ちになるのだろうか。「男の子がメソメソ泣いたらダメよ」とか言いながら、すぐに飛んでいってぎゅうとしたくなるのだろうか。ニキビも含めてかわいいと思って見ている時点で、もはや親目線で応援している自分がいる。

とまあ、ここまで早口で説明したけれども、きっと興味のない人にはまったくピンとこない話であろう。だけど、かつてASAYANを夢中で見ていた人、合唱コンクールが好きだった人、甲子園が好きな人なんかはハマる要素があると思うのでぜひ見てほしい。理想と現実、努力と成果、友情とプライド、様々な感情が交錯するリアルで壮大なドラマを知らないまま終わるのはもったいない。というわけで、原稿を書き上げた私は、再び沼に沈んでゆくのであった。ズブズブズブ……。

41 グラフチェックのあの子

やさしくて、聡明で、ユーモアがあって、オリジナルなセンスの持ち主で、そしてなによりかわいい。彼女のことを知る人は、私も含めてみんな彼女のことが大好きだ。老若男女あらゆる人々から信頼し愛されている彼女はまさにみんなの〝マドンナ〟的存在なのだけど、そういうことを言うと彼女は全力で首を横に振って嫌がる。よく同性の友だちに対して、「自分が男だったら恋人にしたい」と表現したりするけれど、そんなありきたりな言葉では彼女の魅力は説明できない。基本的にあまり化粧っ気がなくて、いつもマニッシュな格好で、忙しい時期にはメガネ姿で前髪をヘンテコなピンで上げて作業していたりするのでうっかり忘れそうになるのだけど、忙しさから解放され、いつもよりキレイな洋服を着てほんのりお化粧をした彼女に会うと、「そうだった！」とハッとする。一緒にいると美人なことを忘れそうになるのが、彼女の良さでもある。

もう出会ってから10年以上経つだろうか。私も彼女も、どちらかといえばシャイな性格で、例えば女の子同士でキャッキャ言ってハグしたり腕を組んだりするのが苦手なタイプ。そんな彼女もお酒が入ると人並みに陽気になり、「きくちぃ〜」とおどけて肩を組んできたりすることがあって、それがちょっと嬉しかったりするのだった。私が風邪を引くと、おいしいものを持って現れ、彼女が帰ったあと台所を覗くと鍋の中にホカホカの豚汁が出来ていたりする。私が仕事で忙しいときにはイコ坊を連れて遊びに出かけてくれたりもする。私は彼女からいつも貰いっぱなしで、いつも「お返ししなきゃ」と思いながら彼女のやさしさに甘えていた。

そんな彼女がある日、「ちょっと遊びに行ってもいい?話したいこともあって」と連絡をしてきた。いつものように食材を抱えてやってきた彼女は、台所にこもって夕ごはんをこしらえてくれた。夫とイコ坊と後から合流した友人夫婦も揃って、みんなでおいしいごはんを囲みながら「話ってなんだろな……」と少しばかり緊張していたところで、「実は報告があって」と彼女が切り出した。皆が一瞬目を輝かせて前のめりになったのを瞬時に察知した彼女は、「いや、彼氏ができたとかじゃないよ」と笑った。彼女に恋人がいないのは私たちの中の七不思議の一つでもあったので、そういう報告を皆が期待しているのを彼女自身がきっと一番わかっていただろうし、そういうまわりの空気に少々煩わしさを感じているような気もしたので、最近はあまり聞かないようにしていたのだけど、彼女の報告はまったくもって別の種類のものだった。

「実は就職することにしたんだよね。日本じゃなくて海外なんだけど」と、彼女はさらさらと話し出した。20代の頃から会社に所属せずフリーで仕事をしてきた彼女は、一度会社に所属してみるのもいいかなと思い国内外問わず就活してみたところ、たまたま採用されたのがとあるアジアの会社だったと言う。「あ、留学じゃなくて、就職ね!どうなるかは行ってみないとわかんないけど」と笑って話す彼女に対して、私は何かしらのリアクションをしていたと思うのだけど、実際のところは気を抜いたらうっかり涙がこぼれそうなのを堪えるのに必死だった。彼女の選んだ道は、考えれば考えるほど彼女らしくて、なんだかとても眩しくて、それと同時に私は多分すごく寂しかったんだと思う。だけど、こういうことを相談ではなく、まず行動してみて結論が出てから報告するところも実に彼女らしくて、尊敬する部分でもあった。「飛行機に乗っちゃえばビューンだしね!ごはんもおいしいし、こっちからもすぐ会いに行くし」みたいなことを矢継ぎ早に言いながら、私はこの自分勝手な〝寂しい〟という感情を打ち消そうとしていた。彼女は就職が決まったその国に特別思い入れがあったわけではないのだけど、自分のこれまでの経験とスキルを活かせる職場がたまたまその国にあったから行くことに決めたと言う。「幸か不幸か、今は何にも縛られてないからさ。恋人がいたり結婚してたりしたら、もちろん行かないし、行けるとしたら今かなと思って。もし向こうでいい出会いがあったら、それはそれでいいよね」と冗談交じりで笑っていたけれど、なんだか本当に向こうでひょいと結婚しちゃうんじゃないかとすら思った。

今の私を取り巻く環境。夫とイコ坊とマロとワカメ。そして仕事。それらは決して私を縛る存在ではないけれど、彼らを置いて自由にどこへでも飛び立てるかといえば、それはできない。自由に羽ばたける彼女のことを羨ましいと思ったのも、ここにいなければいけない理由があるから今の私が私らしくいられることも、どっちも本当のことだった。もしも私が彼女と同じ状況だったら、実際に行動に移せるかは別として、彼女の選択はとても共感できる。いろいろな経験をして、成果も出してきたけれど、このまま同じ環境で仕事をし続けても何かが大きく変わることはもうない気もする。そう思ったときに、場所を変えるという選択肢は、多分真っ先に浮かぶはず。私は彼女と国内や海外のあらゆる土地を一緒に旅をして、いろんな土地でオリジナルに生きる人たちをたくさん見てきたので、東京という場所だけにこだわる理由はないよねとよく話していた。私はふと、以前映画監督の宮崎吾朗さんが話していたことを思い出した。「自分は今、家族という場所に錨を下ろしている状態なんだ。そうしておかないと、プカプカとどこへでも流れてしまうからね。錨を下ろしているから、帰ってこられる」と吾郎さんは話していた。その表現が今ようやくストンと理解できたような気がした。「行くのはまだ数か月後だし。まあ、合わないなって思ってすぐに帰ってきちゃうかもしれないからさ、だから送別会とかはしなくていいからね」と言って、彼女は自分が作った料理をむしゃむしゃと頬張りながら、「ほら、あっこちゃんもどんどん食べて」とお母さんのように私のお皿を山盛りにした。

その数日後、私は彼女と一緒にふらりとアンティークショップを訪れた。いつものようにそれぞれ好き勝手に見て回る。ふと一枚のお皿が目に留まり眺めていると、彼女が「それ、可愛いよね！」と横から覗き込んできた。彼女は私と違って財布の紐が固く、いつも私の買い物にあれこれ言うだけで自分ではあまり買わないのだけど、そのときは珍しく興奮していた。優しいサンドベージュに茶色の細い線で格子柄が描かれたお皿だ。「グラフチェックって、いいよねぇ。あ、ちょうど2枚あるよ！お揃いで買う？」と言う彼女に、私は「うん、買う！」と即答していた。ギンガムチェックでも、タータンチェックでもない、どこまでもシンプルで潔いグラフチェックは、なんだかとても彼女らしい。お皿を裏返すと、そこには偶然にも数年前に彼女と一緒に旅をした国の名が刻印されていた。「お揃いにしよう」なんて言葉は、彼女の口からは滅多に出ないワードだけど、だからなのか、私は小学生の女の子に戻ったみたいに嬉しかった。

次の日の朝、慌ただしくイコ坊を保育園へ送り届けた後、買ったお皿にトーストとぶどうを乗せて、コーヒーを淹れて、ひとりで朝ごはんを食べた。このお皿を、彼女は持っていくのだろうか。持っていってくれたらいいな。その町にはおいしいパン屋さんはあるのかな。コーヒーの味はどんなだろう。窓からはどんな景色が見えるのかな。お揃いのグラフチェックのお皿に映る見たことのない景色を想像したら、なんだか目眩がするほどに眩しくて、私はパンを齧りながらちょこっとだけ泣いた。

42 風物詩

岐阜の栗きんとん、姉の作るシュトーレン、段ボールで買うみかん、大家さんちのお庭の椿、行きつけの喫茶店のストーブの匂い。久しぶりに顔を合わせた瞬間「ああ、今年もそんな季節がやってきたなあ」と、なんだかちょっと嬉しくなるもの。そんな季節の風物詩は、きっと人の数だけある。毎年決まってやってくるからこそ、ホッとする。季節が巡る物悲しさも、いつもの風景と再会することで帳消しになるような気さえする。

さて。話は少し遡って半年前のこと。私は友人が手がけるアウトドアブランドの展示会へ出かけた。メンズとレディースそれぞれのラインナップをひと通りチェックし、私はメンズサイズのダウンジャケットをオーダーすることにした。ノッポな私は、もともとメンズの洋服をよく着ていたけれど、結婚してからは夫婦で兼用できるという理由で、さらにメンズアイテムを買うことが多くなった。このダウンも、色は私好みのベージュだけど、無駄のないシンプルなデザインに本格的なアウトドア仕様で、きっと夫も気に入るだろうと思い、大きめのサイズをオーダーしたのだった。

そうして冬が始まる頃、わが家にベージュのダウンジャケットがやってきた。夫は基本的にはスタンダードを好むタイプで、ファッションで冒険することはあまりしない。気に入ったら同じものを何年も着続け、同じようなアイテムを複数枚所有していたりする。夫が気に入って身につけ続けているそれらのアイテムは、どれもなんの変哲もない普通の洋服に見えるのだけど、相棒ともいうべきそれらのアイテムについて語り出したら止まらない（コンビニで毎月Ｂｅｇｉｎを熟読していることを私は知っている）。そんなちょいと面倒くさい（失礼）アラフォーおじさんは、果たして私が選んだこのダウンジャケットを気に入ってくれるのだろうか。

仕事を終え帰宅した夫に早速着せてみたところ、「色がちょっとやさしすぎないかなあ」と言いつつも、デザインやシルエット、防寒性や機能性を細かくチェックし、概ね気に入ったようだった。「これで、あの緑のダウンもお役御免かぁ」と、ポツリ呟く夫。緑のダウンというのは、夫が何年も着続けているシエラデザインのダウンのことだ。夫と付き合い始めた年の冬、私はいつも着ている年季の入ったそのダウンについて何の気なしに聞いたことがあった。すると夫は、よくぞ聞いてくれましたと言わんばかりに嬉々として語り出した。「これは10年以上前に買ったんだけどね、世界で限定４０００個しか作られていなくて、しかも日本には３００個ぐらいしか入ってきていないんだ！」と得意げに話していたけれど、正直なところ世界で４０００個ってのがそもそもどのくらい希少なのだか、私にはピンとこなかった。でも、気に入ったものをとことん着続けるタイプなのだなと、なんとなく好感を持ったのを覚えている。

ベージュのダウンを夫は毎日着るようになった。私はその日の気分やコディネートに合わせてアウターを変えるけれど、夫の中にそういったシステムはないため、結局そのベージュのダウンは兼用ではなく夫専用のアウターになった。今まであまり身につけてこなかったベージュも、毎日着ているとすっかり馴染んで似合ってきた感じだ。自分が選んだものを気に入って身につけてくれるのって、なんだかんだでやはり嬉しい。ところが、ベージュを纏う姿にも見慣れた頃、夫が言いづらそうに切り出した。「みんながさ、寂しがるんだよね、あの緑のダウン着てないと」と。どうやら夫は、行く先々で緑のダウンを着ていないことに違和感を持たれているようだった。「あの緑のダウンを見ると冬が来たなーって思うんだよ。あれを見ないと冬が来た気がしない」と、会う人みんなに口を揃えて言われるのだそうだ。一体どれだけ緑のダウンのイメージを持たれているのだろうかと、なんだかちょっと面白かったけれど、同時にふと考えてしまった。毎年必ずやってくるおなじみの風物詩が、ある年から突然姿を現さなくなったとしたら。それは確かに寂しすぎる。私が知っている夫の姿っていうのはせいぜいここ5、6年のことで、だけど夫のまわりにはかれこれ20年近く一緒に歳月を重ねている人々がたくさんいる。そんな大げさな話ではないのかもしれないけれど、この緑のダウンには私の知らないいろんな景色が詰まっているのだろう。ベージュのダウンは40代になった夫にとてもよく似合っていると思うし、このダウンにこれからまた新しい景色を詰め込んでいけばいい。そんな気持ちにならないこともなかったけれど、結局私はしまい込まれた緑色のダウンを引っ張り出していた。よく見ると、首元のテープがほつれて取れかかっていて、それをなんとガムテープで留めてあった。これもまた夫の歴史の一部だなと苦笑いしつつ、直して玄関に出しておいた。

　翌日夫は、嬉しそうに緑のダウンを着て出かけていった。出社すると、「ようやく冬がきた」と会社の人々がものすごく喜んでくれたそうだ。もうここまできたら、これからもとことん着続けてほしい。もしいつか息子ができて、彼が中学生ぐらいになったら、またあのウンチクを語りつつ譲ってやればいい。ああ、それはなんだかちょっといいかもしれない。と、そんな未来を想像しながら、私はブカブカのベージュのダウンを着ているのだった。

愛ということ

あれは私が小学3年生ぐらいの頃だろうか。家族揃って車で出掛けたときのこと。私はふと、父にこんな疑問をぶつけたことがあった。「私はお母さんのお腹から出てきたから、お母さんの子どもだってことはわかるんだけど、私とお父さんは何も繋がってないよねえ。私とお父さんは、どうして親子なの？」と。車の中に、なんだか不自然な沈黙が訪れたことをなんとなく覚えている。その後、高学年になり保健の授業で赤ちゃんができる仕組みを知ることになるのだけれど、私は子ども心にその事実を受け入れられないでいた。その日の放課後、校庭で一輪車をしていたら同級生のカオリちゃんが近づいてきた。ちょっぴり変わり者でマセていたカオリちゃんは、ニヤニヤしながら私にこう耳打ちした。「あきちゃんちはふたりきょうだいだから2回だね。私んちは一人っ子だから1回だけど、ミホちゃんちは4人きょうだいだから4回！　うわぁ！」そう言い残して、カオリちゃんはニヤニヤしながら去っていた。一輪車片手にその場から動けなくなってしまった私は、どうしようもなく恥ずかしくて居たたまれない気持ちに襲われていた。子ども心に〝そういうこと〟は恥ずかしいことだとどこかで感じていて、〝そういうこと〟によって自分が生まれたという事実から逃げ出したかった。「もしいつか自分に子どもができたとき、そのことを親に告げるということは、すなわち自分が〝そういうこと〟をしたって言っているようなもの。そんなの恥ずかしすぎて絶対耐えられない!!」私は小学生にしてそんな憂鬱を抱えながら生きていく羽目になったのだった。ところが、時は流れること25年。あの頃抱えた憂鬱は、意外なカタチで解消されることになった。

結婚してしばらく経った頃、私は友人に勧められて産婦人科であれこれ検査をしてもらうことにした。いわゆるブライダル検査的なやつだ。当時の私は、自分が子どもを持つということに対して前向きでも後ろ向きでもなく、かなりフラットな姿勢をとっていたのだけど、それはもしかすると、ちょっとした防衛本能だったのかもしれない。傷つきたくないから、大きな声で欲しいと言わなかったのだと思う。検査の結果が出る日。夫は仕事だったので、私はひとりで病院に向かった。診察室に入ると、先生は検査結果の紙切れを差し出した。「基本的に悪いところはなかったんですけどね」そう言った後、先生はひとつの数値を赤ペンでぐるぐるっと囲んでこう言った。「この項目が限りなくゼロに近いんですよ。この数値は卵子の残数の目安になるんだけど、あなたの場合明日生理が終わっても不思議ではない数値です」と先生は説明した。私はぼんやりとした頭で「ああ、そういえばお母さんも閉経が早かったって言ってたなあ。こういうのって遺伝するのかなあ」なんてことを考えていた。何も言わない私に対して先生は「でも、だからと言って妊娠しないというわけではないです。ただ、とにかく人よりも時間はないよってこと。すぐにステップアップすることをおすすめします」と先生は淡々と告げた。

メールで検査結果を夫に伝え、お会計を済ませて病院を出たところで夫から電話がかかってきた。ショックを受けて泣いているのではないかと夫は心配していたけれど、私は自分でも驚くほど冷静だった。「大丈夫だから」と言って電話を切り、ふぅと一息ついて顔をあげると、目の前には雲ひとつない青空が広がっていた。悩んでいる暇はない。私が進む道はひとつしかない。そう思ったら、実際落ち込んでいる暇はなかった。ピッポゥ、ピッポゥという音を聞きながらガシガシと横断歩道を渡り切った私は、その足でステップアップ経験者の友人宅を訪ね、専門の病院を教えてもらってすぐに予約をし、数日後には病院の門を叩いていた。

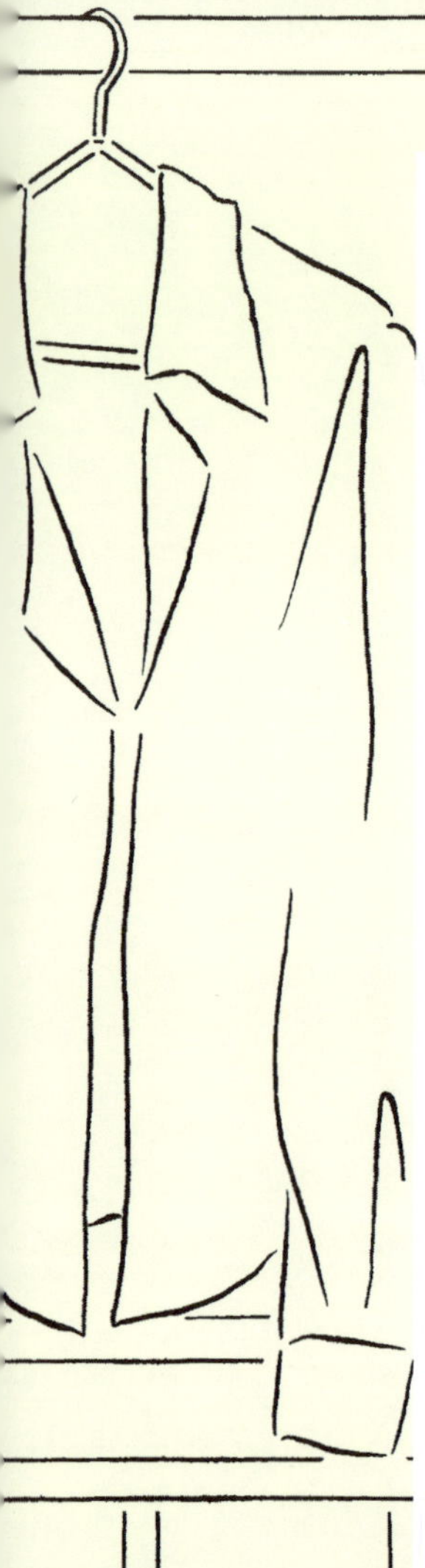

そこからのプロセスは話すと長くなるので割愛するけれど、そういった諸事情により、イコ坊は〝そういうこと〟をすっ飛ばして生まれたのだった。憂鬱を抱えた小学生の私に「そういうわけなので、心配しなくても大丈夫だよ」とこっそり耳打ちしてあげたい。

病院に通っている間、そして妊娠してからも、私たち夫婦はいろんな気持ちをいっぱい共有して、いろんなことをたくさん話してきた。その時間があったから、今こうやって共にせっせと生活を頑張れているような気がする。〝そういうこと〟をすっ飛ばして誕生したという事実に一抹の寂しさを感じないこともないけれど、イコ坊を見ていると、そこには確かに私と夫の気配が一緒に存在していて、「ああ私たち、ふたりで親なんだなあ」と、じわじわと実感が広がってくる。自分たちに似た部分を見つけるたび、子に対して愛おしさが増すってことはよくあると思うのだけど、私は逆に、イコ坊の中に夫の気配を見つけるたび、夫に対して愛おしさが膨らむのを感じる。それは何だかちょっと不思議な感覚だ。

親になったところで、私は愛について上手に語ることなんてできないし、愛にまつわる恥ずかしさを全て拭いきれた訳でもない。イコ坊が、自分がどうやって生まれたかを知りたがった時に、変な沈黙を流さずにきちんと説明してあげられるかどうかも、正直今はまだわからない。だけど、どんな道のりであったとしても、キミが愛の結晶であることに変わりはないんだよってことだけは、ちゃんと伝えたいなと思っている。

あとがき

そんなつもりはなかったのだけど、改めて読み返してみると、この本には30代の私に起こったありとあらゆる事件がぎゅっと詰まっていることに気づく。結婚・妊娠・出産・そして子育て。そういう類の話を声に出して語ったり、インターネットの海の中に漂流させたりすることにどこかで抵抗があった私は、リンネルの連載であるこの〝へそまがり〟という場を通して、自分自身とぐるぐる問答しながらその時どきのほんとうの気持ちを文章にしてきた。人に話しづらいこと、考えがまとまらないこと、答えがまだ見つからないこと、自分でもうまく理解できない自分の気持ち。日々生活していると、心の隅っこで渦巻く小さなぐるぐるを見つけても、いちいち立ち止まってほどいてなんていられないけれど、この連載のおかげで、私は毎月じっくり時間をかけてぐるぐると向き合い、紐解くことができたような気がする。

そもそもは〝日々の出来事や感じたことを日記のように綴る〟というテーマで始めた連載だったけど、いざ書き始めてみると、そんな風に軽やかに日々を綴るなんてことはできず、ぐるぐるをほどきながら書いているうちに、毎度何とも丸裸な文章が出来上がってしまうのだった。〝丸裸な文章〟を人に見せるのは、いつも緊張する。何度も何度も読み返し、「このままでいいのだろうか、脱ぎすぎだろうか、何か纏ったほうがいいのだろうか」などと自己問答を繰り返したのち、えいやっと編集さんに送る。そこからさらにデザイナーの田部井さんとイラストレーターの小川さんの元へと届けられ、1週間ほど経つと、小川さんの絵と私の文章が田部井さんのデザインによって一枚の絵になり、そうして再び私の元に返ってくる。この言葉のない往復書簡のようなやりとりが、私は毎月とても楽しみだった。ぐるぐると出口を探しながら綴ったへそまがりな文章から浮かび上がるのは、想像通りの景色だったり、思いもよらない風景だったりするのだけど、シンプルな線で描かれたその景色を眺めることで、私自身がようやく出口を見つけられたような感覚になった。連載のときはイラストの大半が文章で隠れていたため、見えない部分を想像しながら眺めていたけれど、今回書籍化するにあたり、イラストの全貌をもう少し見えるように構成し直してもらった。私の裸ん坊な文章と、そこに佇む風景、そして読んだ方々の中に広がる景色をぐるぐると行ったり来たりしながら読んで頂けたら、とても嬉しい。

私のへそは、きっとこれからもぐるぐると絡まることだろう。いちいち立ち止まってほどくのは少々めんどくさいけれど、固結びになってしまわないように、なるべくマメにほどいてやるようにしたい。最近おへその絵本にはまっているイコ坊は、隙あらば人の洋服を豪快に捲り上げ、おへそにピンポンしてくる。おへその住人の声で返事をしてやると、手を叩いて喜ぶ。無邪気な笑顔はとても可愛いけれど、一度へそを曲げると本当に大変だ。口をへの字に曲げ、じっと一点を睨みつけてその場から動かなくなったりする。イコ坊は完全に父親似だけれど、何も言わずへの字口で立ち尽くす姿は私にそっくりだ。イコ坊のへそまがりっぷりが、果たして魔の2歳児だからなのか、それとも性格なのかはわからないけれど、似た者同士、互いのへそまがりっぷりを面白がって生きていけたらいいなあと思う。

最後になりましたが、未熟者の私に文章だけで表現する場所（文章だけの連載は実は初めてでした）を与えてくださったリンネル編集長西山さん、編集柴田さん。そしてイラストレーターの田部井さん、デザイナーの小川さん、書籍担当の田村さん、田中さん。へそまがりな私の文章と、本に対するへそまがりなこだわりに向き合い、一つの作品に仕上げてくださって、本当にありがとうございました。

そして、こんな〝丸裸〟で〝へそまがり〟な私の個人的すぎる四方山話にお付き合いくださった読者のみなさまには、ただただ感謝しかありません。本当にありがとうございました。

2020年　初春

菊池亜希子

本書は、弊社刊行の月刊誌『リンネル』の連載エッセイ「へそまがり」(2016年8月号〜2020年3月号)をまとめ、新規の原稿、イラストを加え、再編集したものです。

菊池亜希子(きくち・あきこ)

1982年、岐阜県生まれ。女優・モデル・『菊池亜希子ムック マッシュ』編集長。モデルとしてデビューし、その後、映画やドラマ、舞台など女優としても活躍。
主な出演作に映画『ぐるりのこと。』『森崎書店の日々』『グッド・ストライプス』『海のふた』など。
著書に『菊池亜希子ムック マッシュ VOL.1〜10』(小学館)、『好きよ、喫茶店』(マガジンハウス)、『おなかのおと』(文藝春秋)など。

デザイン　田部井美奈
イラスト　小川雄太郎
本文DTP　キャップス
協力　テンカラット
企画協力　西山千香子(『リンネル』編集長)、柴田かおる(『リンネル』編集部)
編集長　田村真義
編集　田中早紀

へそまがり

二〇二〇年四月九日　第一刷発行

著者　菊池亜希子
発行人　蓮見清一
発行所　株式会社宝島社
〒102-8388　東京都千代田区一番町25番地
電話:営業　03-3234-4621
編集　03-3239-0926
https://tkj.jp

印刷・製本　図書印刷株式会社

ISBN 978-4-299-00303-4